CAD/CAM 专业技能视频教程

SketchUp 2016 建筑设计技能课训

云杰漫步科技 CAX 教研室

张云杰　尚　蕾　编著

电子工业出版社
Publishing House of Electronics Industry
北京·BEIJING

内 容 简 介

SketchUp 是一款极受欢迎并且易于使用的 3D 设计软件，已经在建筑效果设计领域得到了广泛应用。本书主要针对 SketchUp 2016 的建筑草图设计功能，详细介绍 SketchUp 2016 的设计方法，包括设计基础、绘制基本图形、标注尺寸和文字、设置材质和贴图、图层编辑、群组和组件、剖切平面设计、页面和动画设计、创建地形、文件导入导出、插件设计和渲染等内容，并且针对应用设计了多个实用范例。另外，本书还配备了交互式多媒体教学光盘，便于读者学习。

本书结构严谨、内容翔实、知识全面、可读性强，设计实例专业性强、步骤清晰，是广大读者快速掌握SketchUp 2016的自学实用指导书，更适合作为职业培训学校和大专院校计算机辅助设计课程的教材。

图书在版编目（CIP）数据

SketchUp 2016建筑设计技能课训 / 张云杰，尚蕾编著. —北京：电子工业出版社，2017.4
CAD/CAM专业技能视频教程
ISBN 978-7-121-31096-6

Ⅰ. ①S…　　Ⅱ. ①张…　②尚…　　Ⅲ. ①建筑设计－计算机辅助设计－应用软件－教材　　Ⅳ. ①TU201.4

中国版本图书馆CIP数据核字（2017）第053890号

策划编辑：许存权

责任编辑：许存权　　　　　特约编辑：谢忠玉　等
印　　刷：三河市华成印务有限公司
装　　订：三河市华成印务有限公司
出版发行：电子工业出版社
　　　　　北京市海淀区万寿路173信箱　邮编　100036
开　　本：787×1 092　1/16　印张：22　字数：566 千字
版　　次：2017 年 4 月第 1 版
印　　次：2017 年 4 月第 1 次印刷
定　　价：59.00元（含光盘1张）

Preface/前 言

　　本书是"CAD/CAM 专业技能视频教程"丛书中的一本，本套丛书是建立在云杰漫步科技 CAX 教研室和众多 CAD 软件公司长期密切合作的基础上，继承和发展了各公司内部培训方法，并吸收和细化了其在培训过程中客户需求的经典案例，从而推出的一套专业课训教材。丛书本着服务读者的理念，通过大量的内训经典实用案例，对功能模块进行讲解，提高读者的应用水平。使读者全面掌握所学知识，投入到相应的工作中去。丛书拥有完善的知识体系和教学套路，采用阶梯式学习方法，对设计专业知识、软件的构架、应用方向及命令操作都进行了详尽的讲解，循序渐进地提高读者的能力。

　　本书主要介绍的是 SketchUp 设计软件，SketchUp 是一款极受欢迎并且易于使用的 3D设计软件，官方网站将它比喻为电子设计中的"铅笔"。SketchUp 是一款面向设计师、注重设计创作过程的软件，其操作简便、即时显现等优点使它灵性十足，给设计师提供一个在灵感和现实间自由转换的空间，目前最新版本是 SketchUp 2016 版。为了使读者能更好地学习软件，同时尽快熟悉 SketchUp 2016 的建筑草图设计功能，笔者根据多年在该领域的设计经验，精心编写了本书。本书拥有完善的知识体系和教学套路，按照合理的建筑草图设计软件教学培训分类。全书分为 10 章，内容主要包设计基础、绘制基本图形、标注尺寸和文字、设置材质和贴图、图层编辑、群组和组件、剖切平面设计、页面和动画设计、创建地形、文件导入导出、插件设计和渲染等内容，并且针对应用设计了多个实用范例。

　　笔者的 CAX 教研室长期从事 SketchUp 的专业建筑设计和教学，数年来承接了大量的项目，参与建筑设计的教学和培训工作，积累了丰富的实践经验。本书就像一位专业设计师，将设计项目时的思路、流程、方法和技巧、操作步骤面对面地与读者交流，是广大读者快速掌握 SketchUp 2016 的自学实用指导书，也适合作为职业培训学校和大专院校计算机辅助设计课程的教材。

本书还配备了交互式多媒体教学演示光盘，将案例制作过程制作为多媒体视频进行讲解，有从教多年的专业讲师全程多媒体语音视频跟踪教学，以面对面的形式讲解，便于读者学习使用。同时光盘中还提供了所有实例的源文件，以便读者练习使用。关于多媒体教学光盘的使用方法，读者可以参看光盘根目录下的光盘说明。另外，本书还提供了网络的免费技术支持和教学课件，欢迎读者在云杰漫步多媒体科技的网上技术论坛进行交流（http://www.yunjiework.com/bbs），论坛分为多个专业的设计板块，可以为读者提供实时的软件技术支持，解答读者问题。

本书由云杰漫步科技 CAX 教研室编写，参加编写工作的有张云杰、尚蕾、刁晓永、张云静、郝利剑、靳翔、金宏平、李红运、刘斌、贺安、董闯、宋志刚、郑晔、彭勇、乔建军、马军、周益斌、马永健等。书中的设计范例、多媒体视频和光盘效果均由北京云杰漫步多媒体科技公司设计制作，同时感谢电子工业出版社的编辑和老师们的大力协助。

由于本书编写时间紧，编写人员的水平有限，因此，书中肯定有不足之处，在此，编者对广大读者表示歉意，望读者不吝赐教，对书中的不足之处给予指正。

编著者

Contents/目 录

第 1 章　SketchUp 建筑草图设计基础

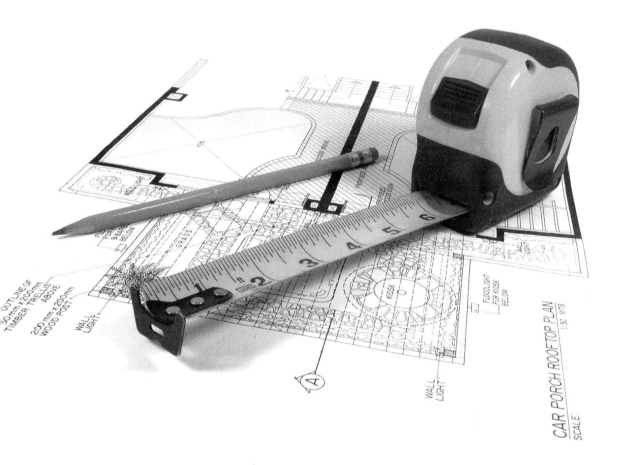

	内　容	掌握程度	课　时
课训目标	引导界面和工作界面	熟练运用	2
	视图操作	熟练运用	2
	基本操作	熟练运用	2

▶ 课程学习建议

SketchUp 是一款极受欢迎并且易于使用的 3D 设计软件，官方网站将它比喻为电子设计中的【铅笔】。其开发公司@Last Software 公司成立于 2000 年，规模虽小，但却以 SketchUp 而闻名。为了增强 Google Earth 的功能，让用户可以利用 SketchUp 创建 3D 模型并放入 Google Earth 中，使得 Google Earth 所呈现的地图更具立体感、更接近真实世界，Google 于 2006 年 3 月宣布收购 3D 绘图软件 SketchUp 及其开发公司@Last Software。SketchUp 2016 是该软件的最新版本。

本章主要介绍了 SketchUp 软件的界面设置、视图操作和对象操作功能。其培训课程表如下。

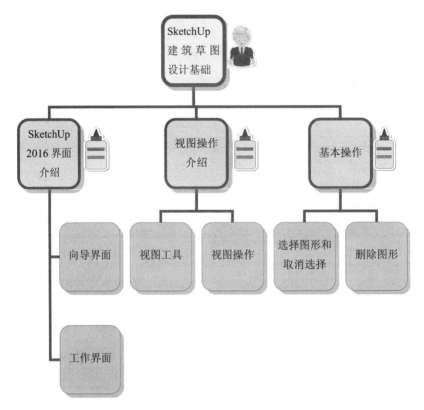

1.1　SketchUp 2016 界面介绍

⚙ 基本概念

SketchUp 的种种优点使其很快风靡全球，本节就对 SketchUp 2016 的界面做系统的讲解，使大家熟悉 SketchUp 的界面操作。

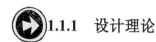
课堂讲解课时：2 课时

1.1.1　设计理论

安装好 SketchUp 2016 后，双击桌面上的图标启动软件，首先出现的是【欢迎使用 SketchUp】的向导界面，如图 1-1 所示。

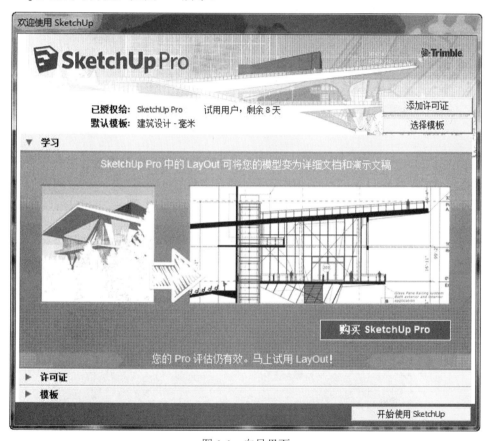

图 1-1　向导界面

在向导界面中设置了【添加许可证】 添加许可证 、【选择模板】 选择模板 、【每次启动时显示】 始终在启动时显示 等功能按钮，可以根据需要进行选择使用。

运行 SketchUp，在出现的向导界面中，单击【选择模版】按钮 选择模板 ，然后在模板的下拉选项框中单击选择【建筑设计—毫米】，接着单击【开始使用 SketchUp】按钮 开始使用 SketchUp 即可打开 SketchUp 的工作界面，如图 1-2 所示。

图 1-2　选择模版

SketchUp 2016 的初始工作界面主要由【标题栏】、【菜单栏】、【工具栏】、【绘图区】、【状态栏】、【数值控制框】和【窗口调整柄】构成，如图 1-3 所示。

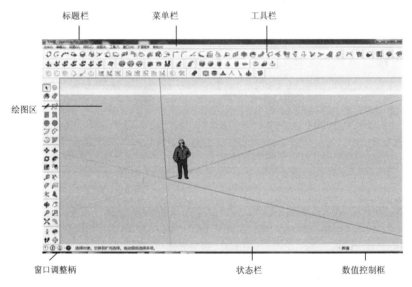

图 1-3　初始界面

打开【帮助】菜单，单击【欢迎使用 SketchUp 专业版】命令，就会自动弹出向导界面，重新对【每次启动时显示】复选框进行启用即可。

名师点拨

1.1.2 课堂讲解

下面来介绍工作界面的各部分。

1．标题栏

进入初始工作界面后，标题栏位于界面的最顶部，最左端是 SketchUp 的标志，往右依次是当前编辑的文件名称（如果文件还没有保存命名，这里则显示为【无标题】）、软件版本和窗口控制按钮，如图 1-4 所示。

图 1-4　标题栏

2．菜单栏

菜单栏位于标题栏下面，包含【文件】、【编辑】、【视图】、【相机】、【绘图】、【工具】、【窗口】、【扩展程序】和【帮助】9 个主菜单，如图 1-5 所示。

| 文件(F) | 编辑(E) | 视图(V) | 相机(C) | 绘图(R) | 工具(T) | 窗口(W) | 扩展程序 | 帮助(H) |

图 1-5　菜单栏

（1）【文件】菜单
【文件】菜单如图 1-6 所示。

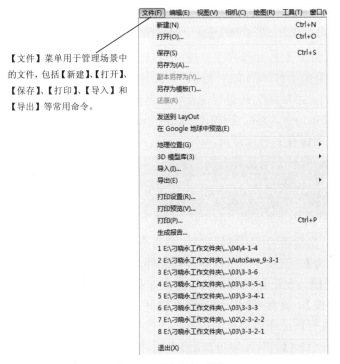

【文件】菜单用于管理场景中的文件，包括【新建】、【打开】、【保存】、【打印】、【导入】和【导出】等常用命令。

图 1-6　【文件】菜单

● 【新建】：快捷键为 Ctrl+N，执行该命令后将新建一个 SketchUp 文件，并关闭当前文件。如果用户没有对当前修改的文件进行保存，在关闭时将会得到提示。如果需要同时编辑多个文件，则需要打开另外的 SketchUp 应用窗口。

● 【打开】：快捷键为 Ctrl+O，执行该命令可以打开需要进行编辑的文件。同样，在打开时将提示是否保存当前文件。

● 【保存】：快捷键为 Ctrl+S，该命令用于保存当前编辑的文件。在 SketchUp 中也有自动保存设置。执行【窗口】|【系统设置】菜单命令，然后在弹出的【系统设置】对话框中选择【常规】选项，即可设置自动保存的间隔时间，如图 1-7 所示。

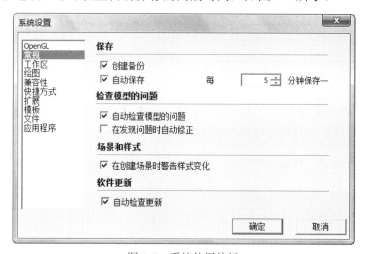

图 1-7　系统使用偏好

打开一个 SKP 文件并操作了一段时间后，桌面出现阿拉伯数字命名的 SKP 文件。这可能是由于打开的文件未命名，并且没有关闭 SkctchUp 的 "自动保存" 功能所造成的。可以在文件进行保存命名之后再操作；也可以执行【窗口】|【偏好设置】菜单命令，然后在弹出的【系统设置】对话框中选择【常规】选项，接着禁用【自动保存】选项即可。

 名师点拨

● 【另存为】：快捷键为 Ctrl+Shift+S，该命令用于将当前编辑的文件另行保存。

● 【副本另存为】：该命令用于保存过程文件，对当前文件没有影响。在保存重要步骤或构思时，非常便捷。此选项只有在对当前文件命名之后才能激活。

● 【另存为模板】：该命令用于将当前文件另存为一个 SketchUp 模板。

● 【还原】：执行该命令后将返回最近一次的保存状态。

● 【发送到 Lay Out】：SketchUp 8.0 专业版本发布了增强的布局 Lay Out3 功能，执行该命令可以将场景模型发送到 Lay Out 中进行图纸的布局与标注等操作。

● 【在 Google 地球中预览】: 这两个命令结合使用可以在 Google 地球中预览模型场景。

● 【3D 模型库】: 该命令可以从网上的 3D 模型库中下载需要的 3D 模型, 也可以将模型上传, 如图 1-8 所示。

图 1-8 3D 模型库

● 【导入】: 该命令用于将其他文件插入 SketchUp 中, 包括组件、图像、DWG / DXF 文件和 3DS 文件等。将图形导入作为 SketchUp 的底图时, 可以考虑将图形的颜色修改得较鲜明, 以便描图时显示得更清晰。导入 DWG 和 DXF 文件之前, 先在 AutoCAD 里将所有线的标高归零, 并最大限度地保证线的完整度和闭合度。

导入的文件按照类型可以分为以下 4 类:

> 导入组件: 将其他的 SketchUp 文件作为组件导入到当前模型中, 也可以将文件直接拖放到绘图窗口中。
>
> 导入图像: 将一个基于像素的光栅图像作为图形对象放置到模型中, 用户也可以直接拖放一个图像文件到绘图窗口。
>
> 导入材质图像: 将一个基于像素的光栅图像作为一种可以应用于任意表面的材质插入模型中。
>
> 导入 DWG / DXP 格式的文件: 将 DWG / DXF 文件导入到 SketchUp 模型中, 支持的图形元素包括线、圆弧、圆、多段线、面、有厚度的实体、三维面以及关联图块等。导入的实体会转换为 SketchUp 的线段和表面放置到相应的图层, 并创建为一个组。导入图像后, 可以通过全屏窗口缩放 (快捷键为 Shift+Z) 进行察看。

●【导出】：该命令的子菜单中包括 4 个命令，分别为【三维模型】、【二维图形】、【剖面】、【动画】，如图 1-9 所示。

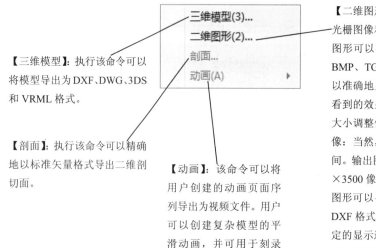

【三维模型】：执行该命令可以将模型导出为 DXF、DWG、3DS 和 VRML 格式。

【剖面】：执行该命令可以精确地以标准矢量格式导出二维剖切面。

【动画】：该命令可以将用户创建的动画页面序列导出为视频文件。用户可以创建复杂模型的平滑动画，并可用于刻录 VCD。

【二维图形】：执行该命令可以导出 2D 光栅图像和 2D 矢量图形。基于像素的图形可以导出为 JPEG、PNG、TIFF、BMP、TGA 和 Epix 格式，这些格式可以准确地显示投影和材质，和在屏幕上看到的效果一样；用户可以根据图像的大小调整像素，以更高的分辨率导出图像；当然，更大的图像会需要更多的时间。输出图像的尺寸最好不要超过 5000×3500 像素，否则容易导出失败。矢量图形可以导出为 PDF、EPS、DWG 和 DXF 格式，矢量输出格式可能不支持一定的显示选项，例如阴影、透明度和材质。需要注意的是，在导出立面、平面等视图的时候别忘了关闭【透视显示】模式。

图 1-9　【导出】命令

●【打印设置】：执行该命令可以打开【打印设置】对话框，在该对话框中设置所需的打印设备和纸张的大小。

●【打印预览】：使用指定的打印设置后，可以预览将打印在纸上的图像。

●【打印】：该命令用于打印当前绘图区显示的内容，快捷键为 Ctrl+P。

●【退出】：该命令用于关闭当前文档和 SketchUp 应用窗口。

（2）【编辑】菜单

【编辑】菜单，包括如图 1-10 所示的命令。

●【还原】：执行该命令将返回上一步的操作，快捷键为 Ctrl+Z。注意，只能撤销创建物体和修改物体的操作，不能撤销改变视图的操作。

●【重做】：该命令用于取消【还原】命令，快捷键为 Ctrl+Y。

●【剪切/复制/粘贴】：利用这 3 个命令可以让选中的对象在不同的 SketchUp 程序窗口之间进行移动，快捷键依次为 shift+删除、Ctrl+C 和 Ctrl+V。

●【原位粘贴】：该命令用于将复制的对象粘贴到原坐标。

●【删除】：该命令用于将选中的对象从场景中删除，快捷键为 Delete。

●【删除参考线】：该命令用于删除场景中所有的辅助线，快捷键为 Ctrl+Q。

●【全选】：该命令用于选择场景中的所有可选物体，快捷键为 Ctrl+A。

●【全部不选】：与【全选】命令相反，该命令用于取消对当前所有元素的选择，快捷键为 Ctrl+T。

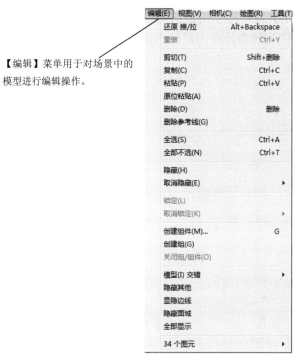

【编辑】菜单用于对场景中的
模型进行编辑操作。

图 1-10 【编辑】菜单

● 【隐藏】：该命令用于隐藏所选物体，快捷键为 H。使用该命令可以帮助用户简化当前视图，或者方便对封闭的物体进行内部的观察和操作。

● 【取消隐藏】：该命令的子菜单中包含 3 个命令，分别是【选定项】、【最后】和【全部】，如图 1-11 所示。

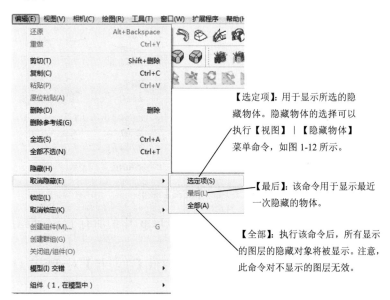

【选定项】：用于显示所选的隐
藏物体。隐藏物体的选择可以
执行【视图】|【隐藏物体】
菜单命令，如图 1-12 所示。

【最后】：该命令用于显示最近
一次隐藏的物体。

【全部】：执行该命令后，所有显示
的图层的隐藏对象将被显示。注意，
此命令对不显示的图层无效。

图 1-11 取消隐藏

●【锁定】:【锁定】命令用于锁定当前选择的对象,使其不能被编辑;而【解锁】命令则用于解除对象的锁定状态。在用鼠标右键单击的下拉菜单中也可以找到这两个命令,如图 1-13 所示。

图 1-12　隐藏几何图形

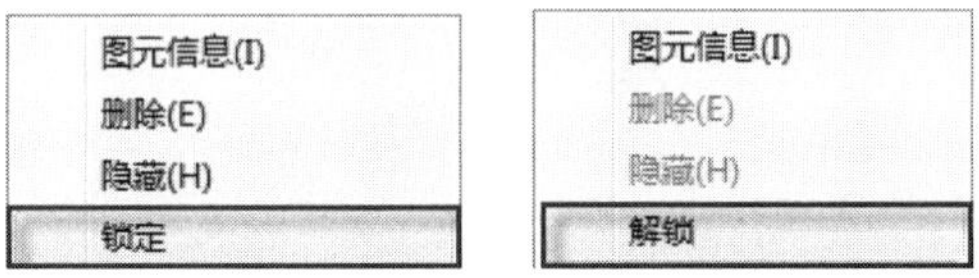

图 1-13　【锁定】/【解锁】命令

(3)【视图】菜单

如图 1-14 所示。

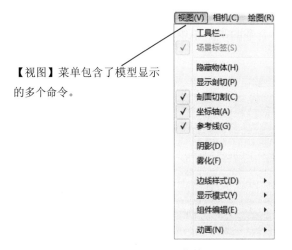

【视图】菜单包含了模型显示的多个命令。

图 1-14　【视图】菜单

●【工具栏】:该命令的子菜单中包含了 SketchUp 中的所有工具,启用这些命令,即可在绘图区中显示出相应的工具,如图 1-15 所示。

执行【视图】|【工具栏】菜单命令,并在弹出【工具栏】对话框中启用需要显示的工具栏即可。

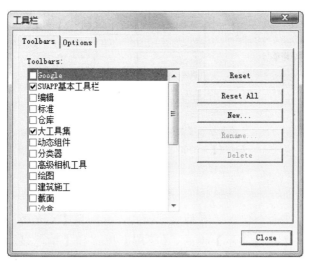

图 1-15　工具栏

如果想要显示这些工具图标，只需在【系统设置】对话框中的【扩展】参数设置对话框中启用所有复选框，如图 1-16 所示。

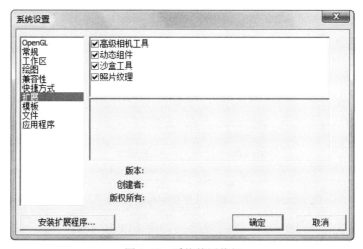

图 1-16　系统使用偏好

- ●【场景标签】：用于在绘图窗口的顶部激活页面标签。
- ●【隐藏物体】：该命令可以将隐藏的物体以虚线的形式显示。
- ●【显示剖切】：该命令用于显示模型的任意剖切面。
- ●【剖面切割】：该命令用于显示模型的剖面。
- ●【坐标轴】：该命令用于显示或者隐藏绘图区的坐标轴。
- ●【参考线】：该命令用于查看建模过程中的辅助线。
- ●【阴影】：该命令用于显示模型在地面的阴影。
- ●【雾化】：该命令用于为场景添加雾化效果。
- ●【边线样式】：该命令包含了 5 个子命令，如图 1-17 所示。

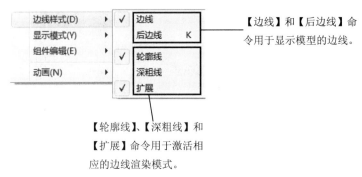

图 1-17 【边线样式】命令

●【显示模式】：该命令包含了 6 种显示模式，分别为【X 光透视模式】、【线框显示】模式、【消隐】模式、【着色显示】模式、【贴图】模式和【单色显示】模式，如图 1-18 所示。

图 1-18 【显示模式】命令

●【组件编辑】：该命令包含的子命令用于改变编辑组件时的显示方式，如图 1-19 所示。

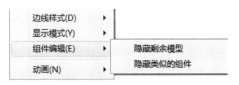

图 1-19 【组件编辑】命令

●【动画】：该命令同样包含一些子命令，如图 1-20 所示。

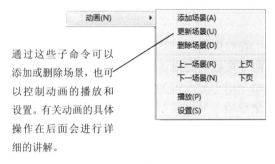

图 1-20 【动画】命令

（4）【相机】菜单
如图 1-21 所示。

【相机】菜单包含了改变模型视角的命令。

图 1-21　【相机】菜单

- 【上一个】：该命令用于返回翻看上次使用的视角。
- 【下一个】：在翻看上一视图之后，单击该命令可以往后翻看下一视图。
- 【标准视图】：SketchUp 提供了一些预设的标准角度的视图，如图 1-22 所示。

标准视图，包括顶视图、底视图、前视图、后视图、左视图、右视图和等轴视图。通过该命令的子菜单可以调整当前视图。

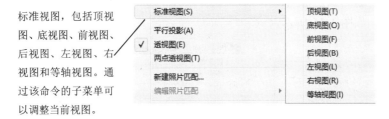

图 1-22　【标准视图】命令

- 【平行投影】：该命令用于调用【平行投影】显示模式。
- 【透视图】：该命令用于调用【透视显示】模式。
- 【两点透视图】：该命令用于调用【两点透视】显示模式。
- 【新建照片匹配】：执行该命令可以导入照片作为材质，对模型进行贴图。
- 【编辑照片匹配】：该命令用于对匹配的照片进行编辑修改。
- 【环绕观察】：执行该命令可以对模型进行旋转查看。
- 【平移】：执行该命令可以对视图进行平移。
- 【缩放】：执行该命令后，按住鼠标左键在屏幕上进行拖动，可以进行实时缩放。
- 【视角】：执行该命令后，按住鼠标左键在屏幕上进行拖动，可以使视野变宽或者变窄。
- 【缩放窗口】：该命令用于放大窗口选定的元素。
- 【缩放范围】：该命令用于使场景充满视窗。

● 【背景充满视窗】：该命令用于使背景图片充满绘图窗口。

● 【定位相机】：该命令可以将相机精确放置到眼睛高度或者置于某个精确的点。

● 【漫游】：该命令用于调用【漫游】工具。

● 【观察】：执行该命令可以在相机的位置沿 z 轴旋转显示模型。

（5）【绘图】菜单

如图 1-23 所示。

● 【直线】：如图 1-24 所示。

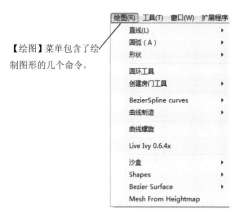

【绘图】菜单包含了绘制图形的几个命令。

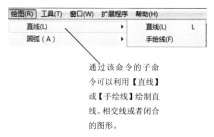

通过该命令的子命令可以利用【直线】或【手绘线】绘制直线、相交线或者闭合的图形。

图 1-23　【绘图】菜单　　　　图 1-24　【直线】命令

● 【圆弧】：如图 1-25 所示。

● 【形状】：如图 1-26 所示。

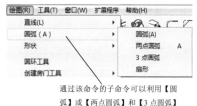

通过该命令的子命令可以利用【圆弧】或【两点圆弧】和【3 点圆弧】以及【扇形】绘制圆弧图形，圆弧一般是由多个相连的曲线片段组成的，但是这些图形可以作为一个弧整体进行编辑。

图 1-25　【圆弧】命令

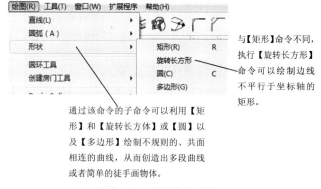

与【矩形】命令不同，执行【旋转长方形】命令可以绘制边线不平行于坐标轴的矩形。

通过该命令的子命令可以利用【矩形】和【旋转长方体】或【圆】以及【多边形】绘制不规则的、共面相连的曲线，从而创造出多段曲线或者简单的徒手画物体。

图 1-26　【形状】命令

● 【沙盒】：如图 1-27 所示。

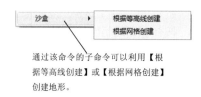

通过该命令的子命令可以利用【根据等高线创建】或【根据网格创建】创建地形。

图 1-27　【沙盒】命令

（6）【工具】菜单
如图 1-28 所示。

【工具】菜单主要包括对物体进行操作的常用命令。

图 1-28　【工具】菜单

● 【选择】：选择特定的实体，以便对实体进行其他命令的操作。

● 【橡皮擦】：该命令用于删除边线、辅助线和绘图窗口的其他物体。

● 【材质】：执行该命令将打开【材质】编辑器，用于为面或组件赋予材质。

● 【移动】：该命令用于移动、拉伸和复制几何体，也可以用来旋转组件。

● 【旋转】：执行该命令将在一个旋转面里旋转绘图要素、单个或多个物体，也可以选中一部分物体进行拉伸和扭曲。

● 【缩放】：执行该命令将对选中的实体进行缩放。

● 【推 / 拉】：该命令用来雕刻三维图形中的面。根据几何体特性的不同，该命令可以移动、挤压、添加或者删除面。

● 【跟随路径】：该命令可以使面沿着某一连续的边线路径进行拉伸，在绘制曲面物体时非常方便。

● 【偏移】：该命令用于偏移复制共面的面或者线，可以在原始面的内部和外部偏移边线，偏移一个面会创造出一个新的面。

● 【实体外壳】：该命令可以将两个组件合并为一个物体并自动成组。

● 【实体工具】：该命令下包含了 5 种布尔运算功能，可以对组件进行并集、交集和差集的运算。

● 【卷尺】：该命令用于绘制辅助测量线，使精确建模操作更简便。

● 【量角器】：该命令用于绘制一定角度的辅助量角线。

● 【坐标轴】：用于设置坐标轴，也可以进行修改。对绘制斜面物体非常有效。

● 【尺寸】：用于在模型中标示尺寸。

● 【文字】：用于在模型中输入文字。

● 【三维文字】：用于在模型中放置 3D 文字，可设置文字的大小和挤压厚度。

● 【剖切面】：用于显示物体的剖切面。

● 【互动】：通过设置组件属性，给组件添加多个属性，比如多种材质或颜色。运行动态组件时会根据不同属性进行动态化显示。

● 【高级相机工具】：该命令包含创建相机以及对相机的一些设置。如图 1-29 所示。

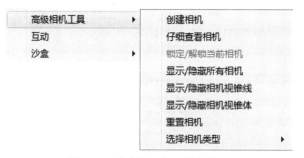

图 1-29　【高级相机工具】命令

● 【沙盒】：该命令包含了 5 个子命令，分别为【曲面起伏】、【曲面平整】、【曲面投射】、【添加细部】和【对调角线】，如图 1-30 所示。

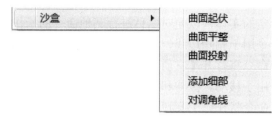

图 1-30　【沙盒】命令

（7）【窗口】菜单
如图 1-31 所示。

【窗口】菜单中的命令
代表着不同的编辑器
和管理器，通过这些命
令可以打开相应的浮
动窗口，以便快捷地使
用常用编辑器和管理
器，而且各个浮动窗口
可以相互吸附对齐，单
击即可展开，如图 1-32
所示。

图 1-31　【窗口】菜单　　　　　　　　　　图 1-32　浮动窗口

● 【模型信息】：选择该命令将弹出【模型信息】管理器。

● 【图元信息】：选择该命令将弹出【图元信息】浏览器，用于显示当前选中实体的属性。

● 【材质】：选择该命令将弹出【材质】编辑器。

● 【组件】：选择该命令将弹出【组件】编辑器。

● 【样式】：选择该命令将弹出【风格】编辑器。

● 【图层】：选择该命令将弹出【图层】管理器。

● 【大纲】：选择该命令将弹出【大纲】浏览器。

● 【场景】：选择该命令将弹出【场景】管理器，用于突出当前场景。

● 【阴影】：选择该命令将弹出【阴影设置】对话框。

● 【雾化】：选择该命令将弹出【雾化】对话框，用于设置雾化效果。

● 【照片匹配】：选择该命令将弹出【照片匹配】对话框。

● 【边线柔化】：选择该命令将弹出【边线柔化】编辑器。

● 【工具向导】：选择该命令将弹出【指导】对话框。

● 【系统设置】：选择该命令将弹出【系统属性】对话框，可以通过设置 SketchUp 的应用参数来为整个程序编写各种不同的功能。

● 【隐藏对话框】：该命令用于隐藏所有对话框。

● 【Ruby 控制台】：选择该命令将弹出【Ruby 控制台】对话框，用于编写 Ruby 命令。

●【组件选项】/【组件属性】：这两个命令用于设置组件的属性，包括组件的名称、大小、位置和材质等。通过设置属性，可以实现动态组件的变化显示。

●【照片纹理】：该命令可以直接从 Google 地图上截取照片纹理，并作为材质贴图赋予模型物体的表面。

（8）【扩展程序】菜单

如图 1-33 所示。

这里包含了用户添加的大部分插件，还有部分插件可能分散在其他菜单中，以后会对常用插件作详细介绍。

图 1-33　【扩展程序】菜单

（9）【帮助】菜单

如图 1-34 所示，主要用来了解各部分详细信息，以及进入访问多种插件和模型库的入口。

通过【帮助】菜单中的命令可以了解软件各个部分的详细信息和学习教程。

图 1-34　【帮助】菜单

3．工具栏

工具栏包含了常用的工具，用户可以自定义这些工具的显隐状态或显示大小等，如

图 1-35 所示。

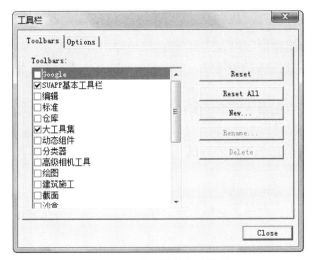

图 1-35　【工具栏】对话框

4．绘图区

绘图区又叫绘图窗口，占据了界面中最大的区域，在这里可以创建和编辑模型，也可以对视图进行调整。在绘图窗口中还可以看到绘图坐标轴，分别用红、黄、绿 3 色显示。

激活绘图工具时，如果想取消鼠标处的坐标轴光标，可以执行【窗口】|【系统设置】菜单命令，然后在【系统设置】对话框的【绘图】中禁用【显示十字准线】复选框。如图 1-36 所示。

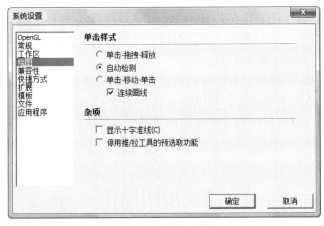

图 1-36　系统使用偏好

5．数值控制框

绘图区的左下方是数值控制框，这里会显示绘图过程中的尺寸信息，也可以接受键盘输入的数值。数值控制框支持所有的绘制工具，其工作特点如下。

（1）由鼠标拖动指定的数值会在数值控制框中动态显示。如果指定的数值不符合系统属性指定的数值精度，在数值前面会加上【～】符号，这表示该数值不够精确。

（2）用户可以在命令完成之前输入数值，也可以在命令完成后。输入数值后，按 Enter 键确定。

（3）当前命令仍然生效的时候（开始新的命令操作之前），可以持续不断地改变输入的数值。

（4）一旦退出命令，数值控制框就不会再对该命令起作用了。

（5）输入数值之前不需要单击数值控制框，可以直接在键盘上输入，数值控制框随时候命。

6．状态栏

状态栏位于界面的底部，用于显示命令提示和状态信息，是对命令的描述和操作提示，这些信息会随着对象的改变而改变。

7．窗口调整柄

窗口调整柄位于界面的右下角，显示为一个条纹组成的倒三角符号，通过拖动窗口调整柄可以调整窗口的长宽和大小。当界面最大化显示时，窗口调整柄是隐藏的，此时只需双击标题栏，将界面缩小即可看到。

调整绘图区窗口大小单击绘图区右上角的【向下还原】按钮，该按钮会自动切换为【最大化】按钮，在这种状态下，可以拖曳右下角的窗口调整柄进行调整（界面的边界会呈虚线显示），也可以将鼠标放置在界面的边界处，鼠标会变成双向箭头，拖曳箭头即可改变界面大小。

1.2　视图操作

 基本概念

视图操作是 SketchUp 软件基本操作的重要组成部分，本节就来介绍视图操作的主要功能。

课堂讲解课时：2 课时

1.2.1　设计理论

SketchUp 默认的操作视图提供了一个透视图，其他的几种视图需要通过单击【视图】
工具栏中相应的图标来完成，如图 1-37 所示。

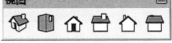

图 1-37　视图工具

1.2.2　课堂讲解

SketchUp 视图操作工具位于使用入门的工具条中，如图 1-38 所示。下面介绍一下主要
视图操作工具的使用方法。

图 1-38　视图操作工具

1. 环绕观察工具

在工具栏中单击【转动】工具 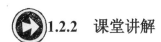，然后把鼠标光标放在透视图视窗中，按
住鼠标左键，通过对鼠标的拖动可以进行视窗内视点的旋转。通过旋转可以观
察模型各个角度的情况。

2. 平移工具

在工具栏中单击【平移】工具 ，就可以在视窗中平行移动观察窗口。

3. 实时缩放工具

在工具栏中单击【实时缩放】工具 ，然后把鼠标光标移到透视图视窗中，
按住鼠标左键不放，拖动鼠标就可以对视窗中的视角进行缩放。鼠标上移则放
大，下移则缩小，由此可以随时观察模型的细部和全局状态。

4. 充满视窗工具

在工具栏中单击【充满视窗】工具 ，即可使场景中模型最大化显示于绘
图区中。

5. 上一视图工具

在工具栏中单击【上一个】工具 ，即可看到上一次调整后的视图。

6. 缩放窗口工具

在工具栏中单击【缩放窗口】工具 ，框选所要选择放大的视图。

1.2.3　课堂练习——进行视图变换

课堂练习开始文件：ywj /01/1-2.Skp

课堂练习完成文件：ywj /01/1-2.Skp

多媒体教学路径：光盘→多媒体教学→第 1 章→第 2 节练习

Step1 打开【1-2.skp】图形文件，如图 1-39 所示。

图 1-39　打开的图形文件

Step2 环绕观察图形整体，如图 1-40 所示。

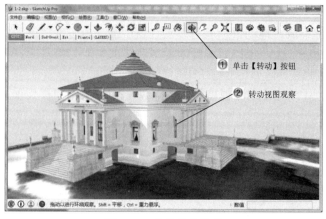

① 单击【转动】按钮

② 转动视图观察

图 1-40　环绕观察模型

Step3 平移观察图形一侧，如图 1-41 所示。

图 1-41　平移观察模型

Step4 放大图形文件进行观察，如图 1-42 所示。

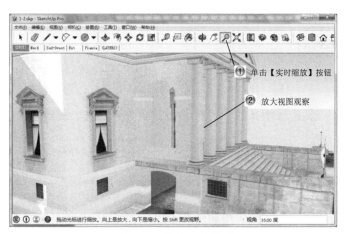

图 1-42　缩放观察模型

1.3　基本操作

基本概念

　　SketchUp 是一款面向设计师、注重设计创作过程的软件，其对于设计对象的操作功能也很强大，下面来介绍一下 SketchUp 对象操作中关于图形操作的主要方法。

1.3.1　设计理论

【选择】工具（如图 1-43 所示）用于给其他工具命令指定操作的实体，对于用惯了 AutoCAD 的人来说，可能会不习惯，建议将空格键定义为【选择】工具的快捷键，养成用完其他工具之后随手按一下空格键的习惯，这样就会自动进入选择状态。

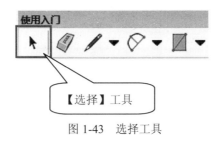

图 1-43　选择工具

 1.3.2　课堂讲解

1．选择图形

使用【选择】工具选取物体的方式有 4 种：点选、窗选、框选以及使用鼠标右键关联选择。

（1）点选

点选方法就是在物体元素上单击鼠标左键进行选择，选择一个面时，如果双击该面，将同时选中这个面和构成面的线。如果在一个面上单击 3 次以上，那么将选中与这个面相连的所有面、线和被隐藏的虚线（组和组件不包括在内），如图 1-44 所示。

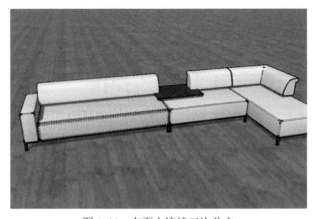

图 1-44　在面上连续三次单击

（2）窗选

窗选的方式为从左往右拖动鼠标，只有完全包含在矩形选框内的实体，才能被选中，选框是实线。例如用窗选方法选择沙发的一半部分，如图 1-45 所示。

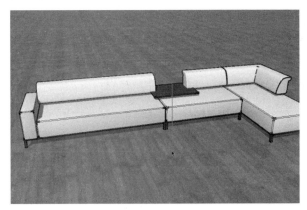

图 1-45　窗选选择图形

（3）框选

框选的方法为从右往左拖动鼠标，这种方法选择的图形包括选框内和选框所接触的所有实体，选框呈虚线显示。例如用框选方法选择沙发部分，如图 1-46 所示。

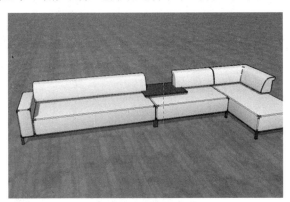

图 1-46　框选选择沙发部分

（4）右键关联选取

激活【选择】工具后，在某个物体元素上用鼠标右键单击，将会弹出一个菜单，执行【选择】命令可以进行扩展选择，如图 1-47 所示。

图 1-47　【选择】菜单命令

使用【选择】工具 并配合键盘上相应的按键也可以进行不同的选择。

激活【选择】工具 ✛ 后，按住 Ctrl 键可以进行加选，此时鼠标的形状变为 ✛+。

激活【选择】工具 ✛ 后，按住 Shift 键可以交替选择物体的加减，此时鼠标的形状变为 ✛+-。

激活【选择】工具 ✛ 后，同时按住 Ctrl 键和 Shift 键可以进行减选，此时鼠标的形状变为 ✛-。

如果要选择模型中的所有可见物体，除了选择【编辑】|【全选】菜单命令外，还可以使用 Ctrl+A 组合键。

用鼠标右键单击可以指定材质的表面，如果要选择的面在组或组件内部，则需要双击鼠标左键进入组或组件内部进行选择。用鼠标右键单击，在弹出的菜单中选择【选择】|【使用相同材质的所有项】命令，那么具有相同材质的面都被选中，如图 1-48 所示。

名师点拨

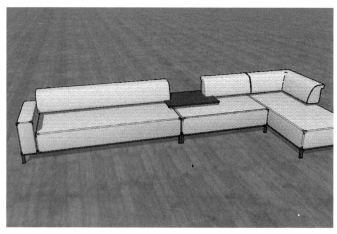

图 1-48　选择相同材质的所有项后的效果

2．取消选择

如果要取消当前的所有选择，可以在绘图窗口的任意空白区域单击，也可以选择【编辑】|【全部不选】菜单命令（如图 1-49 所示），或者使用 Ctrl+T 组合键。

图 1-49   选择【编辑】|【全部不选】菜单命令

3．删除图形

下面来介绍删除图形和隐藏边线的方法。

（1）删除

删除图形主要使用【擦除】工具，如图 1-50 所示。

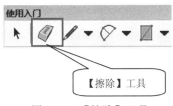

图 1-50   【擦除】工具

单击【擦除】工具 ✐后，单击想要删除的几何体即可将其删除。如果按住鼠标左键不放，然后在需要删除的物体上拖曳，此时被选中的物体会呈高亮显示，松开鼠标左键即可全部删除。如果偶然选中了不想删除的几何体，可以在删除之前按 Esc 键取消这次删除操作。当鼠标移动过快时，可能会漏掉一些线，这时只需重复拖曳操作即可。

> 如果是要删除大量的线，更快的方法是先用【选择】工具 ▸进行选择，然后按 Delete 键删除。

名师点拨

（2）隐藏边线

使用【擦除】工具 的同时按住 Shift 键，将不再是删除几何体，而是隐藏边线，如图 1-51 所示。

图 1-51　隐藏线条

（3）柔化边线

使用【擦除】工具 的同时按住 Ctrl 键，将不再是删除几何体，而是柔化边线，如图 1-52 所示。

图 1-52　柔化线条

（4）取消柔化效果

使用【擦除】工具 的同时按住 Ctrl 键和 Shift 键就可以取消柔化效果，如图 1-53 所示。

图 1-53　取消柔化效果

1.4　专家总结

　　本章主要学习了 SketchUp 的工作界面操作，这样可以在绘图中很方便地找到所需要的工具，同时学习了观察模型和对象操作的方法与技巧，这些都是在绘图过程中经常用到的。

1.5　课后习题

1.5.1　填空题

　　（1）在绘图窗口中还可以看到绘图坐标轴，分别用＿＿＿＿＿、＿＿＿＿＿、＿＿＿＿＿3色显示。

　　（2）如果是要删除大量的线，更快的方法是先用＿＿＿＿＿工具进行选择，然后按＿＿＿＿＿键删除。

1.5.2　问答题

　　（1）SketchUp 2016 的初始工作界面主要由哪些元素构成？

　　（2）导入的文件按照类型可以分为哪几类？

　　（3）【选择】工具选取物体的方式有哪几种？

? 1.5.3 上机操作题

使用本章学过的命令对如图 1-54 所示建筑草图模型进行操作。

一般练习步骤和内容：

（1）选择打开草图模型。

（2）进行视图操作。

（3）进行对象操作。

图 1-54　建筑草图模型

第 2 章 绘制基本图形

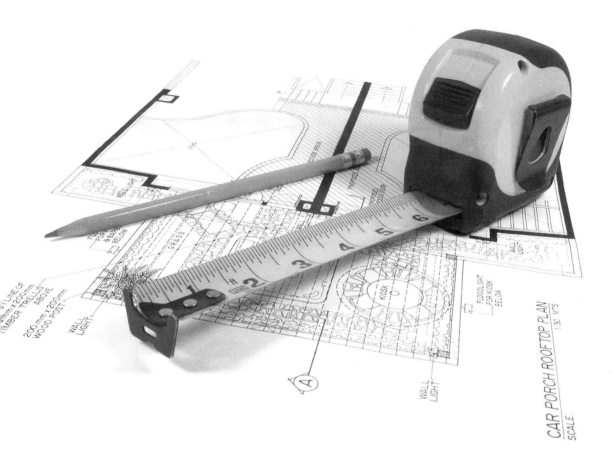

	内容	掌握程度	课时
课训目标	绘制二维图形	熟练运用	2
	绘制三维图形	熟练运用	2
	模型操作	熟练运用	2

课程学习建议

"工欲善其事，必先利其器"，在选择使用 SketchUp 软件创建模型之前，必须熟练掌握 SketchUp 的一些基本工具和命令，包括线、多边形、圆形、矩形等基本形体的绘制，通过推拉、缩放等基础命令生成三维体块等操作。

本章就来主要介绍通过绘制二维图形、三维图形以及模型操作等功能建立基本的模型，其培训课程表如下。

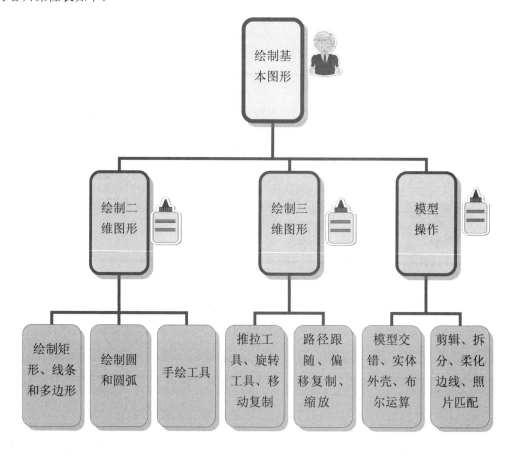

2.1　绘制二维图形

基本概念

二维绘图是 SketchUp 绘图的基本，复杂的图形都可以由简单的点、线构成，本节介绍的二维基本绘图方法包括点、线、圆和圆弧等，SketchUp 也可以直接绘制矩形和正多边形，下面进行具体介绍。

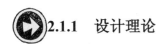 课堂讲解课时：2 课时

 2.1.1　设计理论

二维图形工具可以在【菜单栏】中选择【绘图】中的菜单命令，或者在【大工具集】工具栏中进行选择，如图 2-1 所示。

图 2-1　选择绘图工具

 2.1.2　课堂讲解

1．矩形工具

执行【矩形】命令主要有以下几种方式：

- 在【菜单栏】中，选择【绘图】｜【形状】｜【矩形】菜单命令。
- 直接键盘输入 R 键。
- 单击【大工具集】工具栏中的【矩形】按钮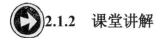。

在绘制矩形时，如果出现了一条虚线，并且带有【正方形】提示，则说明绘制的为正方形；如果出现【黄金分割】的提示，则说明绘制的是带黄金分割的矩形，如图 2-2 所示。

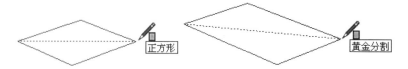

图 2-2　绘制矩形

如果想要绘制的矩形不与默认的绘图坐标轴对对齐，可以在绘制矩形前使用【工具】|【坐标轴】菜单命令重新放置坐标轴。

绘制矩形时，它的尺寸会在数值输入框中动态显示，用户可以在确定第一个角点或者刚绘制完矩形后，通过键盘输入精确的尺寸。除了输入数字外，用户还可以输入相应的单位，例如英制的（2'，8"）或者 mm 等单位，如图 2-3 所示。

尺寸 | 200,200

图 2-3　数值输入框

> 没有输入单位时，ShetchUp 会使用当前默认的单位。

名师点拨

2．线条工具

执行【线条】命令主要有以下几种方式。

- 在【菜单栏】中，选择【绘图】|【直线】|【直线】菜单命令。
- 直接键盘输入 L 键。
- 单击【大工具集】工具栏中的【直线】按钮✐。

绘制 3 条以上的共面线段首尾相连就可以创建一个面，在闭合一个表面时，可以看到【端点】提示。如果是在着色模式下，成功创建一个表面后，新的面就会显示出来，如图 2-4 所示。

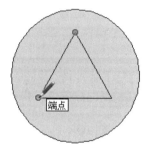 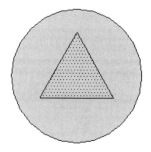

图 2-4　在面上绘制线

如果在一条线段上拾取一点作为起点绘制直线；那么这条新绘制的直线会自动将原来的线段从交点处断开，如图 2-5 所示。

图 2-5　拾取点绘制直线

如果要分割一个表面，只需绘制一条端点位于表面周长上的线段即可，如图 2-6 所示。

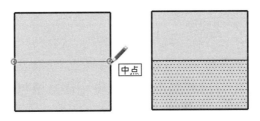

图 2-6　绘制直线分割面

有时候，交叉线不能按照用户的需要进行分割，例如分割线没有绘制在表面上。在打开轮廓线的情况下，所有不是表面周长上的线都会显示为较粗的线。如果出现这样的情况，可以使用【线】工具 ✏ 在该线上绘制一条新的线来进行分割。SketchUp 会重新分析几何体并整合这条线，如图 2-7 所示。

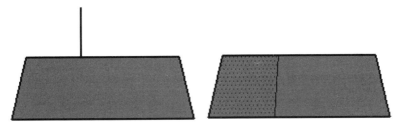

图 2-7　绘制直线分割面

在 SketchUp 中绘制直线时，除了可以输入长度外，还可以输入线段终点的准确空间坐标，输入的坐标有两种，一种是绝对坐标，另一种是相对坐标。

> 　　绝对坐标：用中括号输入一组数字，表示以当前绘图坐标轴为基准的绝对坐标，格式为【x/y/z】。
> 　　相对坐标：用尖括号输入一组数字，表示相对于线段起点的坐标，格式为<x/y/z>。

利用 SketchUp 强大的几何体参考引擎，用户可以使用【线】工具 ✏ 直接在三维空间中绘制。在绘图窗口中显示的参考点和参考线，表达了要绘制的线段与模型中几何体的精确对齐关系，例如【平行】或【垂直】等；如果要绘制的线段平行于坐标轴，那么线段会以坐标轴的颜色亮显，并显示【在红色轴上】、【在绿色轴上】或【在蓝轴上】的提示，如图 2-8 所示。

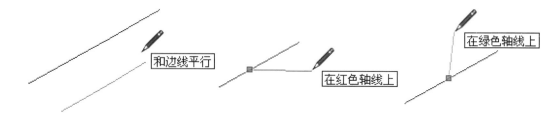

图 2-8　绘制直线

有的时候，SketchUp 不能捕捉到需要的对齐参考点，这是因为捕捉的参考点可能受到了别的几何体干扰，这时可以按住 Shift 键来锁定需要的参考点。例如，将鼠标移动到一个表面上，当显示【在表面上】的提示后按住 Shift 键，此时线条会变粗，并锁定在这个表面所在的平面上，如图 2-9 所示。

图 2-9　绘制粗直线

在已有面的延伸面上绘制直线的方法将鼠标光标指向已有的参考面（注意不必单击），当出现【在表面上】的提示后，按住 Shift 键的同时移动鼠标到需要绘线的地方并单击，然后松开 Shift 键绘制直线即可，如图 2-10 和图 2-11 所示。

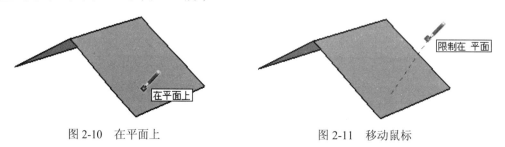

图 2-10　在平面上　　　　　　图 2-11　移动鼠标

线段可以等分为若干段。先在线段上用鼠标右键单击，然后在弹出的菜单中执行【拆分】命令，接着移动鼠标，系统将自动参考不同等分段数的等分点（也可以直接输入需要拆分的段数），完成等分后，单击线段查看，可以看到线段被等分成几个小段，如图 2-12 所示。

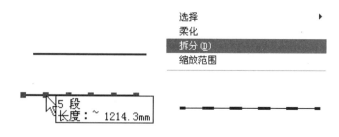

图 2-12　拆分直线

3．圆工具

执行【圆】命令主要有以下几种方式。

- 在【菜单栏】中，选择【绘图】|【形状】|【圆】菜单命令。
- 直接键盘输入 C 键。
- 单击【大工具集】工具栏中的【圆】按钮 。

如果要将圆绘制在已经存在的表面上，可以将光标移动到那个面上，SketchUp 会自动将圆进行对齐，如图 2-13 所示。也可以在激活圆工具后，移动光标至某一表面，当出现【在表面上】的提示时，按住 Shift 键的同时移动光标到其他位置绘制圆，那么，这个圆会被锁定与在刚才那个表面平行的面上，如图 2-14 所示。

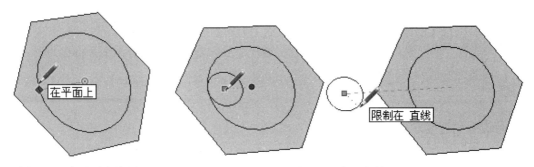

图 2-13　在平面上绘制圆　　　　　　　　图 2-14　移动绘制平面

一般完成圆的绘制后便会自动封面，如果将面删除，就会得到圆形边线。对于想要对单独的圆形边线进行封面，可以使用【直线】工具 连接圆上的任意两个端点，如图 2-15 所示。

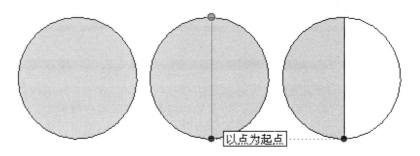

图 2-15　使用直线分割圆面

鼠标右键单击圆，在弹出的菜单中执行【图元信息】命令，打开【图元信息】对话框，在该对话框中可以修改圆的参数，如图 2-16 所示。

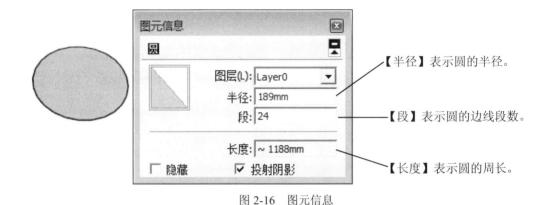

图 2-16　图元信息

修改圆或圆弧的半径：

> 第一种：在圆的边上单击鼠标右键（注意是边而不是面），然后在弹出的菜单中执行【图元信息】命令，接着调整【半径】参数即可。
>
> 第二种：是使用【缩放】工具 进行缩放（具体的操作方法在后面会进行详细的讲解）。

修改圆的边数方法：

> 第一种：激活【圆】工具，并且在还没有确定圆心前，在数值控制框内输入边的数值（例如输入 5），然后再确定圆心和半径。
>
> 第二种：完成圆的绘制后，在开始下一个命令之前，在数值控制框内输入【边数 S】的数值（例如输入 10S）。
>
> 第三种：在【图元信息】对话框中修改【段】的数值，方法与上述修改半径的方法相似。

> 使用【圆】工具绘制的圆，实际上是由直线段组合而成的。圆的段数较多时，外观看起来就比较平滑。但是，较多的片段数会使模型变得更大，从而降低系统性能。其实较小的片段数值结合柔化边线和平滑表面也可以取得圆润的几何体外观。

名师点拨

4．圆弧工具

执行【两点圆弧】命令主要有以下几种方式。

- 在【菜单栏】中，选择【绘图】|【圆弧】|【两点圆弧】菜单命令。
- 直接键盘输入 A 键。
- 单击【大工具集】工具栏中的【两点圆弧】按钮 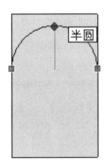。

绘制两点圆弧，调整圆弧的凸出距离时，圆弧会临时捕捉到半圆的参考点，如图 2-17 所示。

图 2-17　圆弧的半径

在绘制圆弧时，数值控制框首先显示的是圆弧的弦长，然后是圆弧的凸出距离，用户可以输入数值来指定弦长和凸距。圆弧的半径和段数的输入需要专门的格式。

（1）指定弦长：单击确定圆弧的起点后，就可以输入一个数值来确定圆弧的弦长。数值控制框显示为【长度】，输入目标长度。也可以输入负值，表示要绘制的圆弧在当前方向的反向位置，例如（-1，0）。

（2）指定凸出距离：输入弦长以后，数值控制框将显示【距离】，输入要凸出的距离，负值的凸距表示圆弧往反向凸出。如果要指定圆弧的半径，可以在输入的数值后面加上字母 r（例如 2r），然后确认（可以在绘制圆弧的过程中或完成绘制后输入）。

（3）指定段数：要指定圆弧的段数，可以输入一个数字，然后在数字后面加上字母 s（例如 8s），接着单击确认按钮。输入段数可以在绘制圆弧的过程中或完成绘制后输入。

使用【圆弧】工具可以绘制连续圆弧线，如果弧线以青色显示，则表示与原弧线相切，出现的提示为【在顶点处相切】，如图 2-18 所示。绘制好这样的异形弧线以后，可以进行推拉，形成特殊形体，如图 2-19 所示。

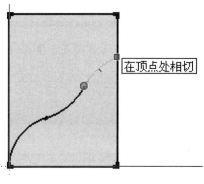

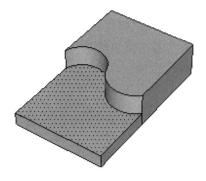

图 2-18　绘制圆弧　　　　　　　　图 2-19　推拉绘图

用户可以利用【推／拉】工具推拉带有圆弧边线的表面，推拉的表面成为圆弧曲面系统。虽然曲面系统可以像真的曲面那样显示和操作，但实际上是一系列平面的集合。

执行【圆弧】命令主要有以下几种方式。

- ● 在【菜单栏】中，选择【绘图】｜【圆弧】｜【圆弧】菜单命令。
- ● 单击【大工具集】工具栏中的【圆弧】按钮 ▱。

绘制圆弧，确定圆心位置与半径距离，绘制圆弧角度，如图 2-20 所示。

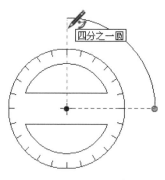

图 2-20　圆弧角度

执行【扇形】命令主要有以下几种方式。

- ● 在【菜单栏】中，选择【绘图】｜【圆弧】｜【扇形】菜单命令。
- ● 单击【大工具集】工具栏中的【扇形】按钮 ▱。

绘制扇形，确定圆心位置与半径距离，绘制圆弧角度，确定圆弧角度之后所绘制的是封闭的圆弧面，如图 2-21 所示。

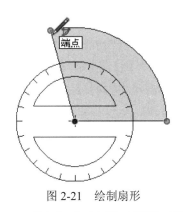

图 2-21　绘制扇形

绘制弧线（尤其是连续弧线）的时候常常会找不准方向，可以通过设置辅助面，然后在辅助面上绘制弧线来解决。

名师点拨

5．多边形工具

执行【多边形】命令主要有以下几种方式。

- 在【菜单栏】中，选择【绘图】|【形状】|【多边形】菜单命令。
- 单击【大工具集】工具栏中的【多边形】按钮。

使用【多边形】工具，在输入框中输入 6，然后单击鼠标左键确定圆心的位置，移动鼠标调整圆的半径，可以直接输入一个半径，再次单击鼠标左键确定完成绘制，如图 2-22 所示。

图 2-22　多边形

6．手绘线工具

执行【手绘线】命令主要有以下几种方式。

- 在【菜单栏】中，选择【绘图】|【直线】|【手绘线】菜单命令。
- 单击【大工具集】工具栏中的【手绘线】按钮 $\mathcal{W}$ 。

曲线可放置在现有的平面上，或与现有的几何图形相独立（与轴平面对齐）。要绘制曲线，选择手绘线工具。光标变为一支带曲线的铅笔，点击并按住放置曲线的起点，拖动光标开始绘图，如图 2-23 所示。

松开鼠标按键停止绘图。如果将曲线终点设在绘制起点处即可绘制闭合形状。如图 2-24 所示。

图 2-23　手绘线工具　　　　　　　图 2-24　完成绘制手绘线工具

2.1.3　课堂练习——绘制房间平面

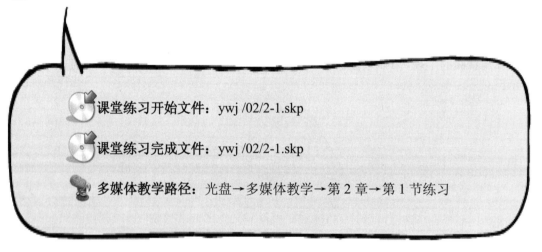

课堂练习开始文件：ywj /02/2-1.skp

课堂练习完成文件：ywj /02/2-1.skp

多媒体教学路径：光盘→多媒体教学→第 2 章→第 1 节练习

Step1 新建文件后，进行导入操作，如图 2-25 所示。

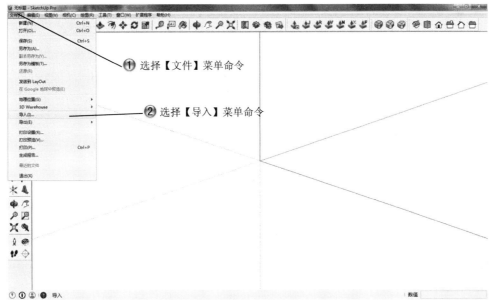

图 2-25　选择【导入】菜单命令

Step2 选择导入图像，如图 2-26 所示。

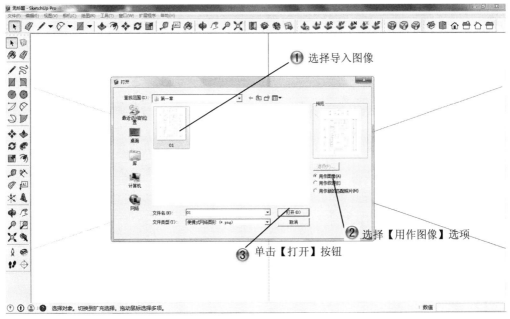

图 2-26　打开图像

Step3 拖曳图形到合适大小，如图 2-27 所示。

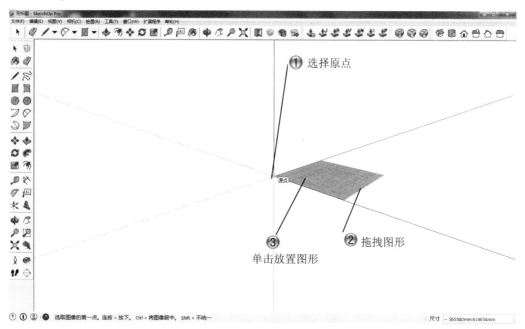

图 2-27　放置图像

Step4 放置完成图像，如图 2-28 所示。

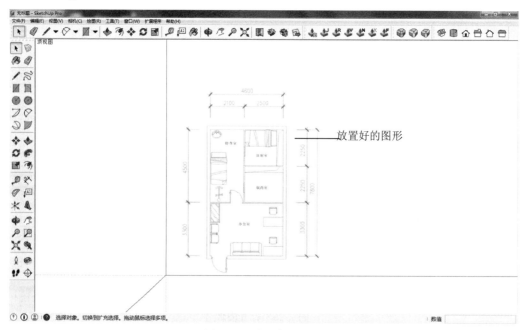

图 2-28　放置完成图像

◎Step5 用直线绘制墙体，如图 2-29 所示。

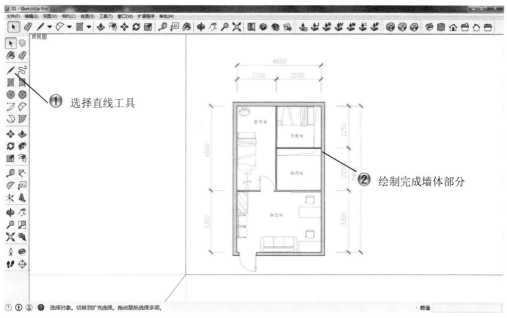

图 2-29　绘制完成墙体部分

◎Step6 绘制矩形部分，如图 2-30 所示。

图 2-30　绘制完成矩形部分

Step7 绘制手绘线，如图 2-31 所示。

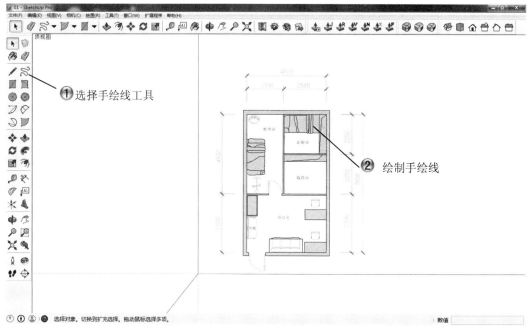

图 2-31 绘制手绘线

Step8 绘制圆，如图 2-32 所示。

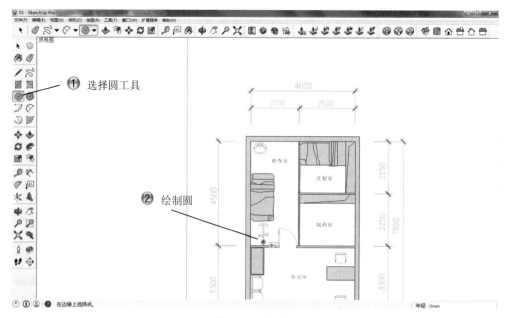

图 2-32 绘制圆

Step9 绘制圆弧,如图 2-33 所示。这样完成图形的绘制,最后完成的效果如图 2-34 所示。

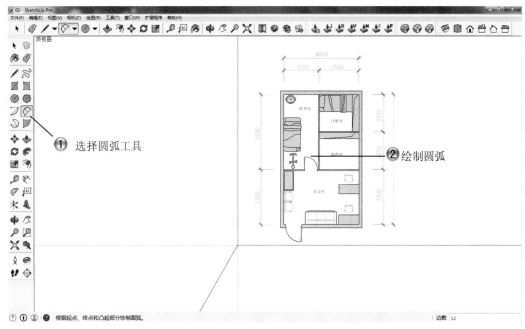

图 2-33　绘制圆弧

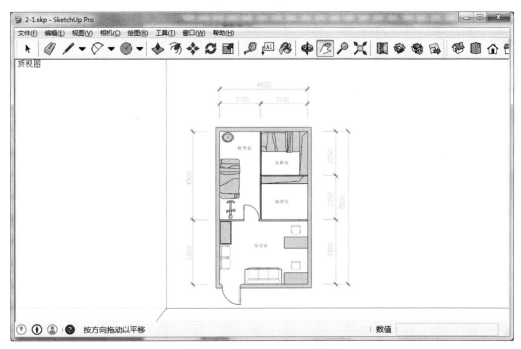

图 2-34　完成的房间平面效果

2.2 绘制三维图形

基本概念

SketchUp 的三维绘图功能，是通过推拉、缩放等基础命令生成三维体块，并可以通过偏移复制来编辑三维体块，从而形成三维的图形模型，下面来详细介绍一下各功能命令。

课堂讲解课时：2 课时

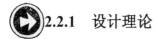

2.2.1 设计理论

三维图形工具可以在【菜单栏】中选择【绘图】中的菜单命令，或者在【大工具集】工具栏中进行选择，如图 2-35 所示。

图 2-35 三维图形工具

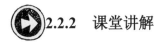

2.2.2　课堂讲解

1．推/拉工具

执行【推/拉】命令主要有以下几种方式。

- 在【菜单栏】中，选择【工具】|【推/拉】菜单命令。
- 直接键盘输入 P 键。
- 单击【大工具集】工具栏中的【推/拉】按钮。

根据推拉对象的不同，SketchUp 会进行相应的几何变换，包括移动、挤压和挖空。【推/拉】工具可以完全配合 SketchUp 的捕捉参考进行使用。使用【推／拉】工具推拉平面时，推拉的距离会在数值控制框中显示。用户可以在推拉的过程中或完成推拉后输入精确的数值进行修改，在进行其他操作之前可以一直更新数值。如果输入的是负值，则表示将往当前的反方向推拉。

【推/拉】工具的挤压功能可以用来创建新的几何体，如图 2-36 所示。用户可以使用【推/拉】工具对几乎所有的表面进行挤压（不能挤压曲面）。

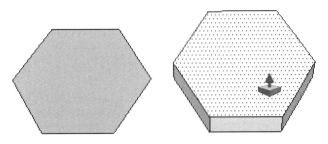

图 2-36　推/拉工具

【推/拉】工具还可以用来创建内部凹陷或挖空的模型，如图 2-37 所示。

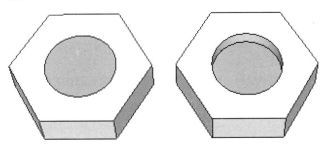

图 2-37　推/拉工具

使用【推/拉】工具并配合键盘上的按键可以进行一些特殊的操作。配合 Alt 键可以强制表面在垂直方向上推拉，否则会挤压出多余的模型，如图 2-38 所示。

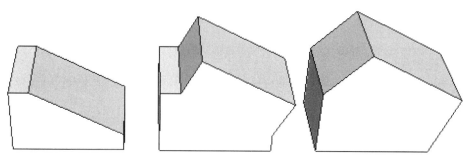

图 2-38　推/拉工具的对比

　　配合 Ctrl 键可以在推拉的时候生成一个新的面（按下 Ctrl 键后，鼠标别针的右上角会多出一个"+"号），如图 2-39 所示。

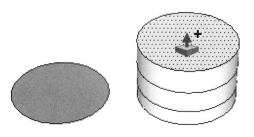

图 2-39　推/拉工具不同用法

　　SketchUp 还没有像 3ds Max 一样有多重合并，然后进行拉伸的命令。但有一个变通的方法，就是在拉伸第一个平面后，在其他平面上进行双击就可以拉伸同样的高度，如图 2-40 至图 2-42 所示。

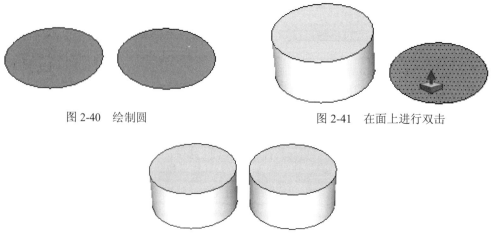

图 2-40　绘制圆　　　　　　　　　　　　图 2-41　在面上进行双击

图 2-42　推拉高度相同

　　也可以同时选中所有需要拉伸的面，然后使用【推/拉】工具进行拉伸，如图 2-43 和图 2-44 所示。

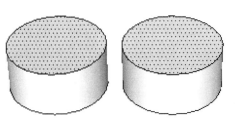

图 2-43　同时选中面

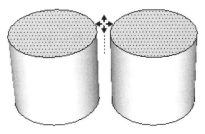

图 2-44　同时向上移动

【推/拉】工具 ◆ 只能作用于表面，因此不能在【线框显示】模式下工作。
按住 Alt 键的同时进行推拉可以使物体变形，也可以避免挤出不需要的模型。

名师点拨

2. 物体的移动/复制

执行【移动】命令主要有以下几种方式。

- 在【菜单栏】中，选择【工具】|【移动】菜单命令。
- 直接键盘输入 M 键。
- 单击【大工具集】工具栏中的【移动】按钮 ✦。

使用【移动】工具 ✦ 移动物体的方法非常简单，只需选择需要移动的元素或物体，然后激活【移动】工具 ✦，接着移动鼠标即可。在移动物体时，会出现一条参考线；另外，在数值控制框中会动态显示移动的距离（也可以输入移动数值或者三维坐标值进行精确移动）。

在进行移动操作之前或移动的过程中，可以按住 Shift 键来锁定参考。这样可以避免参考捕捉受到别的几何体干扰。

在移动对象的同时按住 Ctrl 键就可以复制选择的对象（按住 Ctrl 键后，鼠标指针右上角会多出一个 "+" 号）。

完成一个对象的复制后，如果在数值控制框中输入 "2/"，会在两个图形复制间距中间位置再复制 1 份；如果输入 "2*" 或 "2×"，将会以复制的间距再阵列出 1 份，如图 2-45 所示。

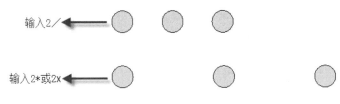

图 2-45　复制

当移动几何体上的一个元素时，SketchUp 会按需要对几何体进行拉伸。用户可以用这个方法移动点、边线和表面，如图 2-46 所示。也可以通过移动线段来拉伸一个物体。

图 2-46　移动工具

使用【移动】工具❖的同时按住 Alt 键可以强制拉伸线或面，生成不规则几何体，也就是 SketchUp 会自动折叠这些表面，如图 2-47 所示。

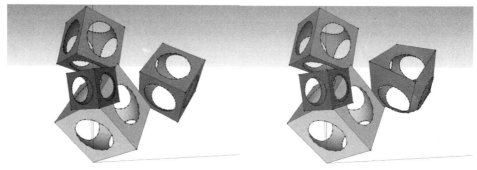

图 2-47　强制拉伸线和面

在 SketchUp 中可以编辑的点只存在于线段和弧线两端，以及弧线的中点。可以使用【移动】工具❖进行编辑，在激活此工具前不要选中任何对象，直接捕捉即可，如图 2-48 所示。

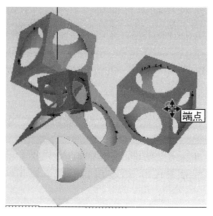

图 2-48　捕捉点

3．物体的旋转

执行【旋转】命令主要有以下几种方式。

- 在【菜单栏】中，选择【工具】|【旋转】菜单命令。
- 直接键盘输入 Q 键。
- 单击【大工具集】工具栏中的【旋转】按钮 ⟳。

打开图形文件，利用 SketchUp 的参考提示可以精确定位旋转中心。如果启用了【角度捕捉】功能，将会根据设置好的角度进行旋转，如图 2-49 所示。

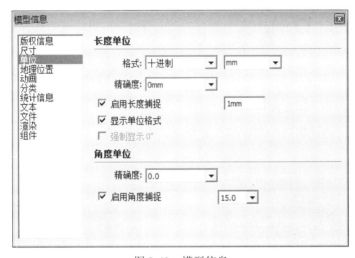

图 2-49　模型信息

使用【旋转】工具 ⟳ 并配合 Ctrl 键可以在旋转的同时复制物体。

例如在完成一个圆柱体的旋转复制后，如果输入"6*"或者"6×"就可以按照上一次的旋转角度将圆柱体复制 6 个，共存在 7 个圆柱体，如图 2-50 所示；假如在完成圆柱体的旋转复制后，输入"2 / "，那么就可以在旋转的角度内再复制 2 份，共存在 3 个圆柱体，如图 2-51 所示。

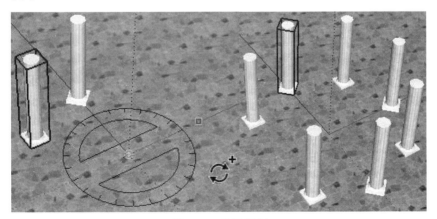

图 2-50　旋转复制

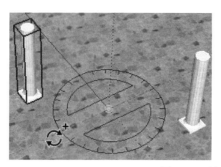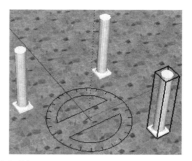

图 2-51 旋转复制

使用【旋转】工具 只旋转某个物体的一部分时，可以将该物体进行拉伸或扭曲，如图 2-52 所示。

当物体对象是组或者组件时，如果激活【移动】工具 （激活前不要选择任何对象）；并将鼠标光标指向组或组件的一个面上，那么该面上会出现 4 个红色的标记点，移动鼠标光标至一个标记点上，会出现红色的旋转符号，此时就可直接在这个平面上让物体沿自身轴旋转，并且可以通过数值控制框输入需要旋转的角度值，而不需要使用【旋转】工具，如图 2-53 所示。

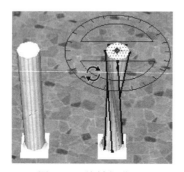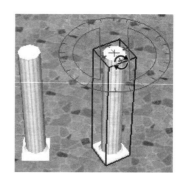

图 2-52 旋转扭曲   图 2-53 旋转模型

如果旋转会导致一个表面被扭曲或变成非平面时，将激活 SketchUp 的自动折叠功能。

名师点拨

4．图形的路径跟随

执行【路径跟随】命令主要有以下几种方式。

- 在【菜单栏】中，选择【工具】|【跟随路径】菜单命令。
- 单击【大工具集】工具栏中的【路径跟随】按钮 。

SketchUp 中的【跟随路径】工具 🌀 类似于 3ds Max 中的放样命令，可以将截面沿已知路径放样，从而创建复杂几何体。

为了使【跟随路径】工具 🌀 从正确的位置开始放样，在放样开始时，必须单击邻近剖面的路径。否则，【跟随路径】工具 🌀 会在边线上挤压，而不是从剖面到边线。

名师点拨

5．物体的缩放

执行【路径跟随】命令主要有以下几种方式。

- 在【菜单栏】中，选择【工具】|【缩放】菜单命令。
- 直接键盘输入 S 键。
- 单击【大工具集】工具栏中的【缩放】按钮 📲 。

使用【缩放】工具 📲 可以缩放或拉伸选中的物体，方法是在激活【缩放】工具 📲 后，通过移动缩放夹点来调整所选几何体的大小，不同的夹点支持不同的操作。

在拉伸的时候，数值控制框会显示缩放比例，用户也可以在完成缩放后输入一个数值，数值的输入方式有 3 种。

（1）输入缩放比例
直接输入不带单位的数字，例如 2.5 表示缩放 2.5 倍、-2.5 表示往夹点操作方向的反方向缩放 2.5 倍。缩放比例不能为 0。
（2）输入尺寸长度
输入一个数值并指定单位，例如，输入 2m 表示缩放到 2 米。
（3）输入多重缩放比例
一维缩放需要一个数值；二维缩放需要两个数值，用逗号隔开；等比例的三维缩放也只需要一个数值，但非等比的三维缩放却需要 3 个数值，分别用逗号隔开。

上面说过不同的夹点支持不同的操作，这是因为有些夹点用于等比缩放，有些则用于非等比缩放（即一个或多个维度上的尺寸以不同的比例缩放，非等比缩放也可以看作拉伸）。

如图 2-54 所示，显示了所有可能用到的夹点，有些隐藏在几何体后面的夹点在光标经过时就会显示出来，而且也是可以操作的。当然，用户也可以打开 X 光模式（选择【窗口】|【样式】菜单命令，打开【编辑】选项卡，单击【平面设置】按钮 🔲，单击【以 X 光透视模式显示】按钮 🔳），这样就可以看到隐藏的夹点了。

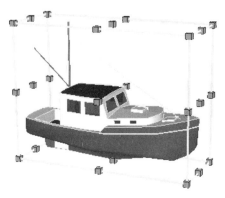

图 2-54　缩放命令

6．图形的偏移复制

执行【路径跟随】命令主要有以下几种方式。

- 在【菜单栏】中，选择【工具】|【偏移】菜单命令。
- 直接键盘输入 F 键。
- 单击【大工具集】工具栏中的【偏移】按钮 🖐。

线的偏移方法和面的偏移方法大致相同，唯一需要注意的是，选择线的时候必须选择两条以上相连的线，而且所有的线必须处于同一平面上，如图 2-55 所示的台阶属于偏移。

图 2-55　台阶偏移

对于选定的线，通常使用【移动】工具 🖐（快捷键为 M 键）并配合 Ctrl 键进行复制，复制时可以直接输入复制距离。而对于两条以上连续的线段或者单个面，可以使用【偏移】

工具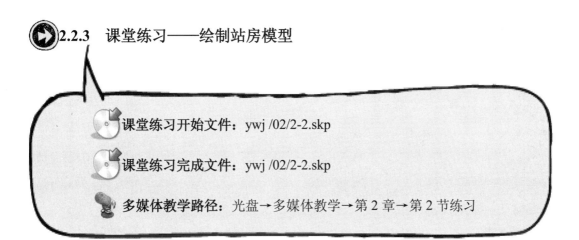（快捷键为 F 键）进行复制。

> 使用【偏移】工具 一次只能偏移一个面或者一组共面的线。

名师点拨

2.2.3　课堂练习——绘制站房模型

课堂练习开始文件：ywj /02/2-2.skp

课堂练习完成文件：ywj /02/2-2.skp

多媒体教学路径：光盘→多媒体教学→第 2 章→第 2 节练习

Step1 新建文件，绘制矩形平面，如图 2-56 所示。

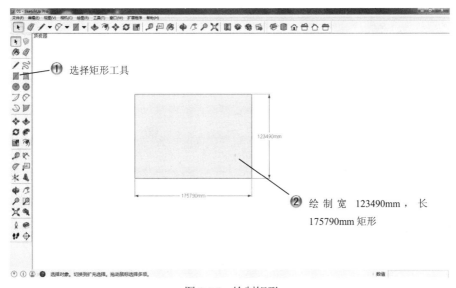

① 选择矩形工具

② 绘制宽 123490mm，长 175790mm 矩形

图 2-56　绘制矩形

Step2 绘制建筑底部轮廓，如图 2-57 所示。

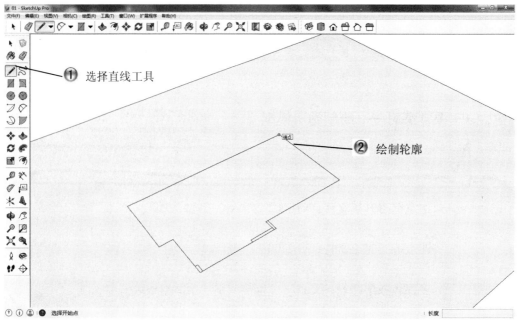

图 2-57　绘制直线

Step3 推拉出底座，如图 2-58 所示。

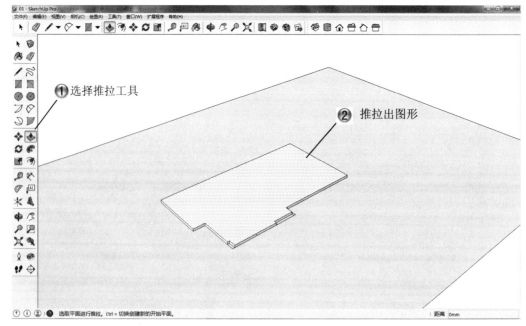

图 2-58　推拉图形

Step4 绘制上部轮廓线，如图 2-59 所示。

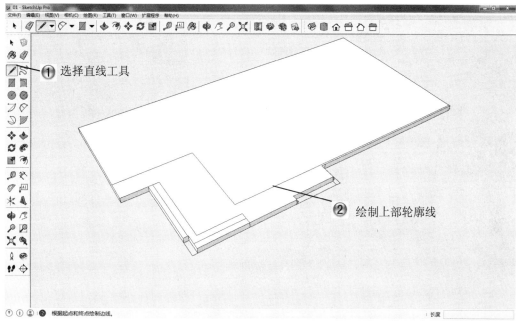

图 2-59　绘制轮廓线

Step5 推拉建筑图形，推拉高度为 18518mm，如图 2-60 所示。

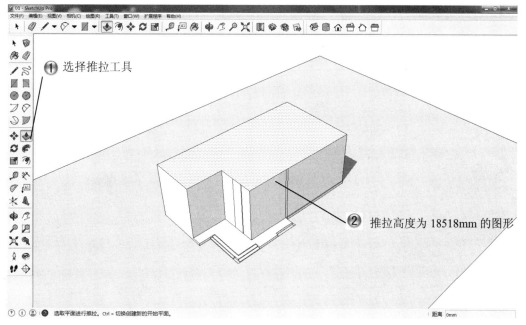

图 2-60　推拉上部建筑

Step6 绘制矩形，如图 2-61 所示。

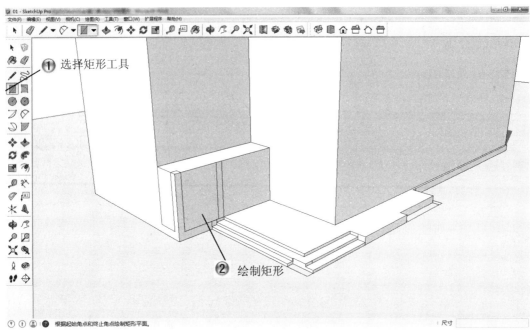

图 2-61　绘制矩形

Step7 推拉图形，如图 2-62 所示。

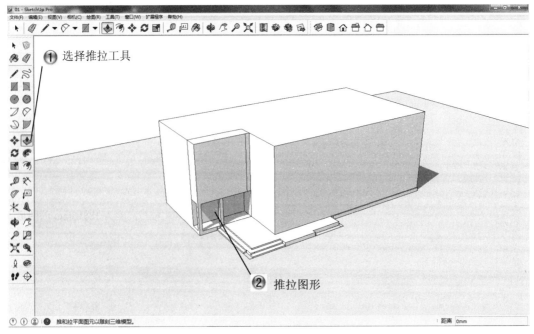

图 2-62　推拉图形

Step8 绘制矩形窗轮廓，如图 2-63 所示。

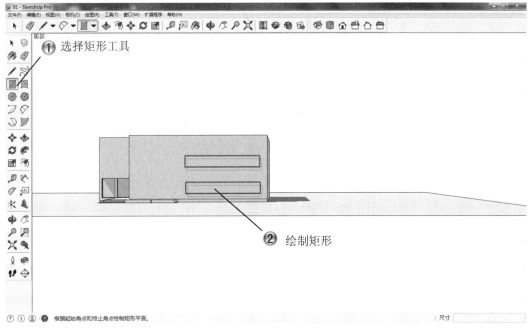

图 2-63　绘制矩形

Step9 推拉矩形，如图 2-64 所示。

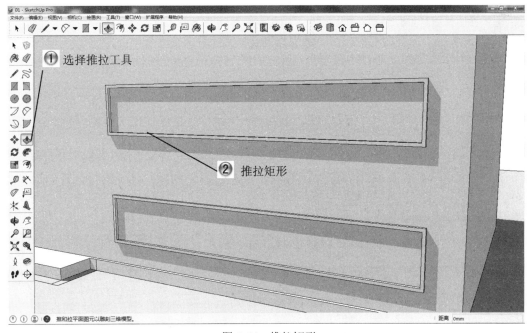

图 2-64　推拉矩形

Step10 绘制窗户轮廓，如图 2-65 所示。

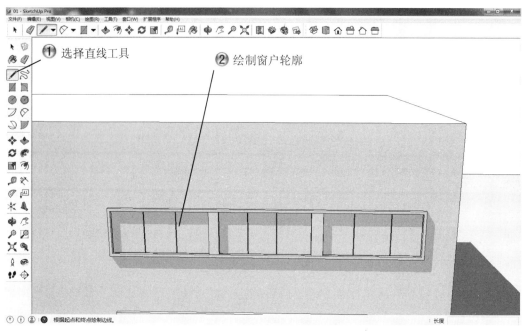

图 2-65　绘制窗户轮廓

Step11 推拉出窗户，如图 2-66 所示。

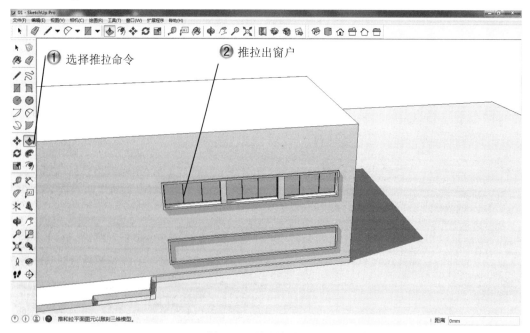

图 2-66　绘制窗户轮廓

●**Step12** 选择类似方法，绘制出其他窗户，如图 2-67 所示。

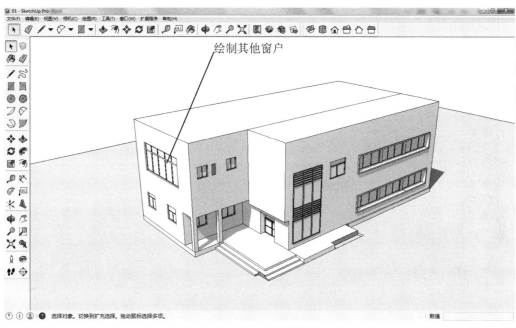

图 2-67　绘制窗户

●**Step13** 按照同样方法绘制出门廊图形，如图 2-68 所示。

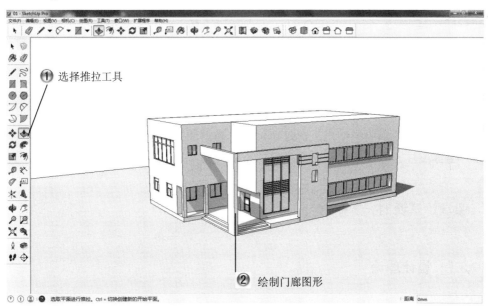

图 2-68　绘制门廊

Step14 最后，将图形赋予材质，添加场景组建，完成图形的绘制，如图 2-69 所示。

图 2-69　完成图形的绘制

2.3　模型操作

基本概念

绘制完成三维图形的模型后，通常要进行对模型的修饰或修改操作，本节主要讲解相交平面、实体工具、柔化边线和照片匹配等的模型操作方法。

课堂讲解课时：2 课时

2.3.1　设计理论

执行【模型交错】命令方式为：在【菜单栏】中，选择【编辑】|【模型交错】菜单命令，如图 2-70 所示。

执行【实体工具】命令方式为：在【菜单栏】中，选择【视图】|【工具栏】|【实

体工具】菜单命令；或者在【菜单栏】中，选择【工具】|【实体工具】菜单命令，这样
就打开了实体工具栏，如图 2-71 所示。

图 2-70 【模型交错】菜单命令

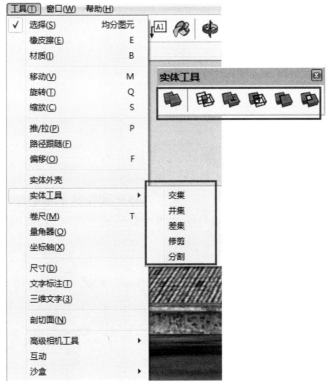

图 2-71 【实体工具】命令

　　执行【柔化边线】命令方式为：在【菜单栏】中，选择【窗口】|【柔化边线】菜单命令，如图 2-72 所示。

　　执行【照片匹配】命令方式为：在【菜单栏】中，选择【相机】|【新建照片匹配】菜单命令，如图 2-73 所示。

图 2-72 　【柔化边线】命令

图 2-73 　【新建照片匹配】命令

 2.3.2 　 课堂讲解

1．模型交错

　　下面说明【模型交错】命令的用法。

　　（1）创建两个立方体，如图 2-74 所示。

　　（2）选中圆柱体，用鼠标右键单击，然后在弹出的快捷菜单中选择【模型交错】|【模型交错】命令，此时就会在立方体与圆柱体相交的地方产生边线，删除不需要的部分，如图 2-75 所示。

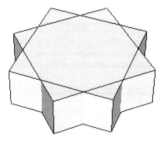

图 2-74 　创建立方体

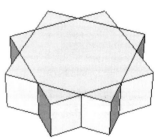

图 2-75 　模型交错

SketchUp 中的【模型交错】命令相当于 3ds Max 中的布尔运算功能。布尔是英国的数学家，在 1847 年发明了二值之间关系的逻辑数学计算法，包括联合、相交、相减。后来在计算机图形处理操作中引用了这种逻辑运算方法，以使简单的基本图形组合产生新的形体，并由二维布尔运算发展到三维图形的布尔运算。

名师点拨

2．实体外壳

【实体外壳】工具 用于对指定的几何体加壳，使其变成一个群组或者组件。下面进行说明。

（1）激活【实体外壳】工具 ，然后在绘图区域移动鼠标，此时鼠标显示为 ，提示用户选择第一个组或组件，单击选择圆柱体组件，如图 2-76 所示。

（2）选择一个组件后，鼠标显示为 ，提示用户选择第二个组或组件，单击选中立方体组件，如图 2-77 所示。

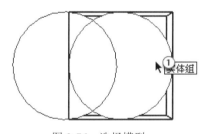

图 2-76　选择模型

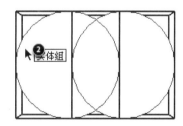

图 2-77　选择另一个模型

（3）完成选择后，组件会自动合并为一体，相交的边线都被自动删除，且自成一个组件，如图 2-78 所示。

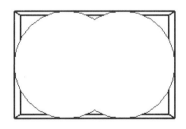

图 2-78　自成一个组件

3．相交

【相交】工具 用于保留相交的部分，删除不相交的部分。该工具的使用方法同【外壳】工具 相似，激活【相交】工具 后，鼠标会提示选择第一个物体和第二个物体，完成选择后将保留两者相交的部分，如图 2-79 所示。

4．联合

【联合】工具 用来将两个物体合并，相交的部分将被删除，运算完成后两个物体将成为一个物体。这个工具在效果上与【实体外壳】工具 相同，如图 2-80 所示。

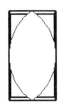 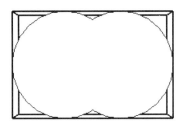

图 2-79　相交命令　　　　　　　　　　图 2-80　并集命令

5．减去

使用【减去】工具 的时候同样需要选择第一个物体和第二个物体，完成选择后将删除第一个物体，并在第二个物体中减去与第一个物体重合的部分，只保留第二个物体剩余的部分。

激活【减去】工具 后，如果先选择左边圆柱体，再选择右边圆柱体，那么保留的就是圆柱体不相交的部分，如图 2-81 所示。

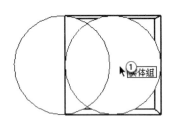 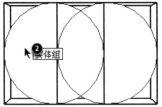 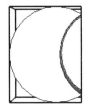

图 2-81　去除命令

6．剪辑

激活【剪辑】工具 ，并选择第一个物体和第二个物体后，将在第二个物体中修剪与第一个物体重合的部分，第一个物体保持不变。

激活【剪辑】工具 后，如果先选择左边圆柱体，再选择右边圆柱体，那么修剪之后左边圆柱体将保持不变，右边圆柱体被挖除了一部分，如图 2-82 所示。

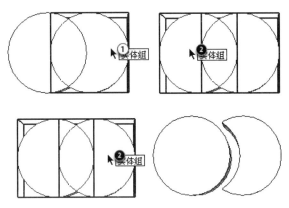

图 2-82　修剪命令

7．拆分

使用【拆分】工具 ![icon] 可以将两个物体相交的部分分离成单独的新物体，原来的两个物体被修剪掉相交的部分，只保留不相交的部分，如图 2-83 所示。

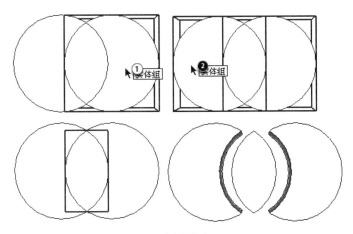

图 2-83　拆分命令

8．柔化边线和取消柔化

柔化边线有以下 4 种方法。

　　（1）使用【擦除】工具 ![icon] 的同时按住 Ctrl 键，可以柔化边线而不是删除边线。
　　（2）在边线上用鼠标右键单击，然后在弹出的快捷菜单中选择【柔化】命令。
　　（3）选中多条边线，然后在选集上用鼠标右键单击，接着在弹出的快捷菜单中选择【柔化/平滑边线】命令，此时将弹出【柔化边线】对话框，如图 2-84 所示。
　　（4）选择【窗口】|【柔化边线】菜单命令也可以进行边线柔化操作，如图 2-85 所示。

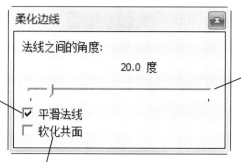

柔化边线
法线之间的角度:
20.0 度
平滑法线
软化共面
【允许角度范围】滑块：拖动该滑块可以调节光滑角度的下限值，超过此值的夹角都将被柔化处理。
【平滑法线】：启用该复选框可以用来指定对符合允许角度范围的夹角实施光滑和柔化效果。
【软化共面】：启用该复选框将自动柔化连接共面表面间的交线。

图 2-84　柔化边线

窗口(W)
扩展程序
帮助(H)
模型信息
图元信息
材料
组件
样式
图层
大纲
场景
阴影
雾化
照片匹配
柔化边线
工具向导

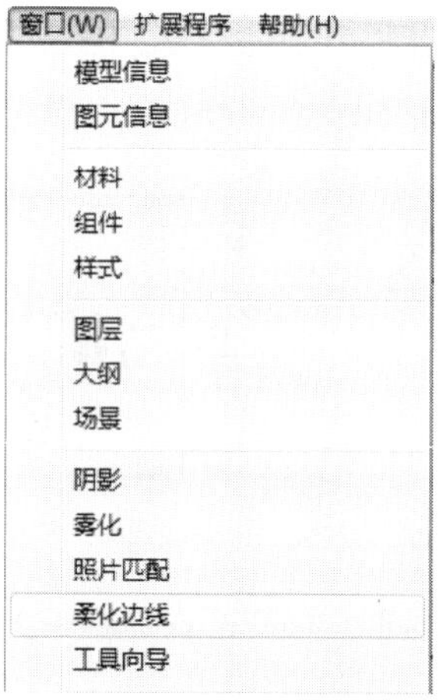

图 2-85　【柔化边线】命令

取消边线柔化效果的方法同样有 4 种，与柔化边线的 4 种方法相互对应。

（1）使用【擦除】工具的同时按住 Ctrl+Shift 组合键，可以取消对边线的柔化。

（2）在柔化的边线上用鼠标右键单击，然后在弹出的快捷菜单中选择【取消柔化】命令。

（3）选中多条柔化的边线，在选集上用鼠标右键单击，然后在弹出的快捷菜单中选择【柔化/平滑边线】命令，接着在【柔化边线】对话框中调整允许的角度范围为 0。

（4）选择【窗口】|【柔化边线】菜单命令，然后在弹出的【柔化边线】对话框中调整允许的角度范围为 0。

例如在一个曲面上，你把线隐藏后，面的个数不会减少，但是你用优化边线却能使这些面成为一个面。个数减少，便于选择。

 名师点拨

9．照片匹配

SketchUp 的【照片匹配】功能可以根据实景照片计算出相机的位置和视角，然后在模型中创建与照片相似的环境。

关于照片匹配的命令有两个，分别是【新建照片匹配】命令和【编辑照片匹配】命令，这两个命令可以在【相机】菜单中找到，如图 2-86 所示。

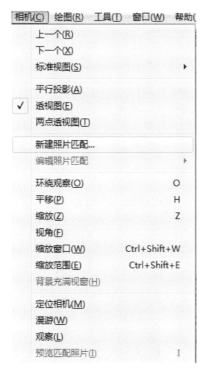

图 2-86　【相机】菜单

当视图中不存在照片匹配时，【编辑照片匹配】命令将显示为灰色状态，这时不能使用该命令，当一个照片匹配后，【编辑照片匹配】命令才能被激活。用户在新建照片匹配时，将弹出【照片匹配】对话框，如图 2-87 所示。

图 2-87 【照片匹配】对话框

【栅格】选项组：该选项组下包含了 3 种网格，分别为【样式】、【平面】和【间距】。

【从照片投影纹理】按钮：单击该按钮将会把照片作为贴图覆盖模型的表面材质。

2.3.3 课堂练习——绘制二层别墅模型

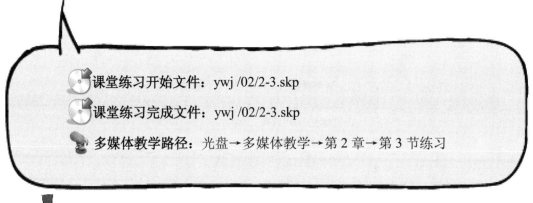

课堂练习开始文件：ywj /02/2-3.skp

课堂练习完成文件：ywj /02/2-3.skp

多媒体教学路径：光盘→多媒体教学→第 2 章→第 3 节练习

Step1 新建文件，绘制 30000mm×30000mm 的矩形，如图 2-88 所示。

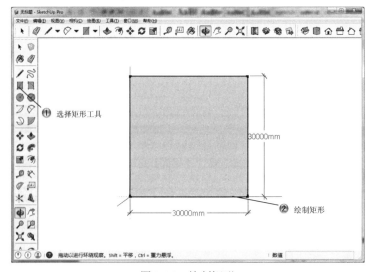

① 选择矩形工具

② 绘制矩形

图 2-88 绘制矩形

Step2 绘制别墅首层轮廓，如图 2-89 所示。

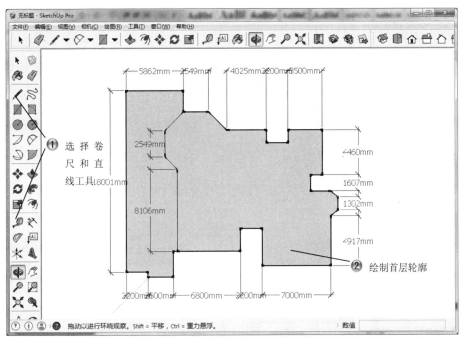

图 2-89 绘制别墅首层轮廓

Step3 按照实际测量尺寸做出台阶辅助线，如图 2-90 所示。

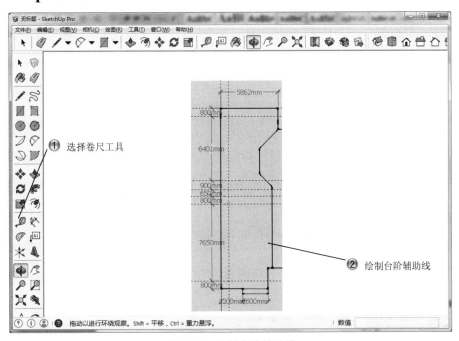

图 2-90 绘制台阶辅助线

Step4 绘制右侧首层台阶，如图 2-91 所示。

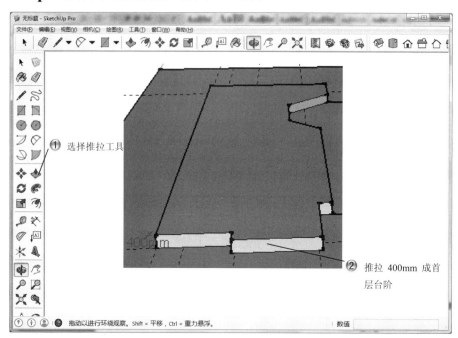

图 2-91　推拉台阶矩形

Step5 通过二层辅助线推拉出二层台阶，如图 2-92 所示。

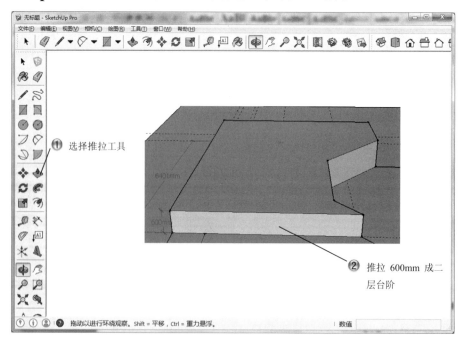

图 2-92　绘制二层台阶

●Step6 推拉首层台阶驻台，如图 2-93 所示。

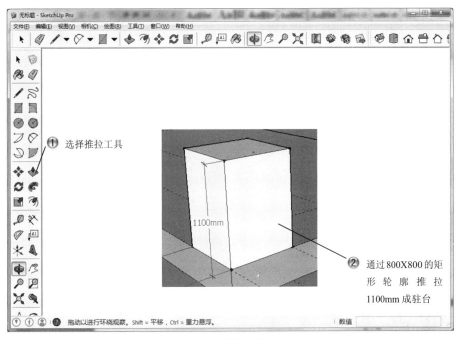

① 选择推拉工具

② 通过 800X800 的矩
形 轮 廓 推 拉
1100mm 成驻台

图 2-93　推拉台阶驻台

●Step7 选中驻台顶面向外偏移，如图 2-94 所示。

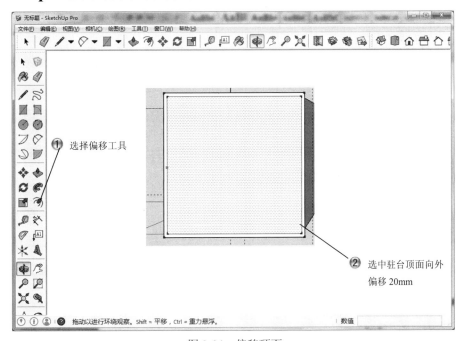

① 选择偏移工具

② 选中驻台顶面向外
偏移 20mm

图 2-94　偏移顶面

Step8 选中偏移出外轮廓向上推拉，如图 2-95 所示。

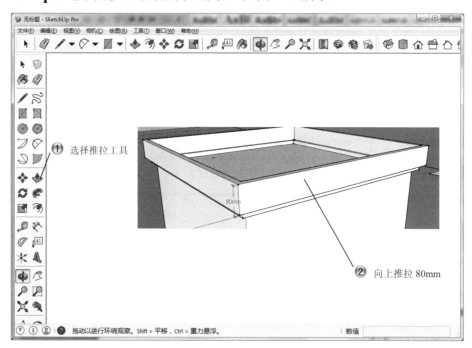

图 2-95　推拉外轮廓

Step9 再次偏移后向上推拉，结果如图 2-96 所示。

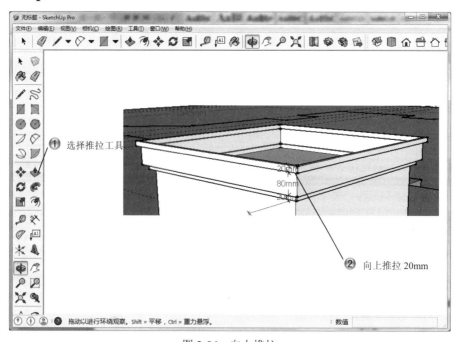

图 2-96　向上推拉

Step10 在顶部图形外侧绘制圆弧，如图 2-97 所示。

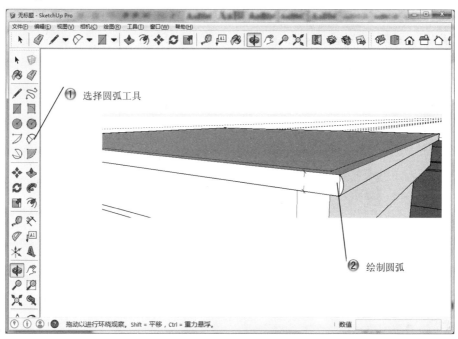

图 2-97 创建弧度

Step11 使用路径跟随绘制外侧圆弧边缘，如图 2-98 所示。

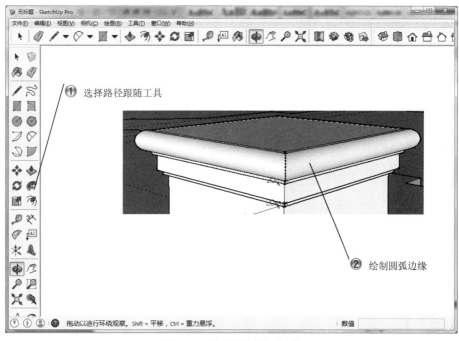

图 2-98 绘制外侧圆弧边缘

Step12 复制驻台，如图 2-99 所示。

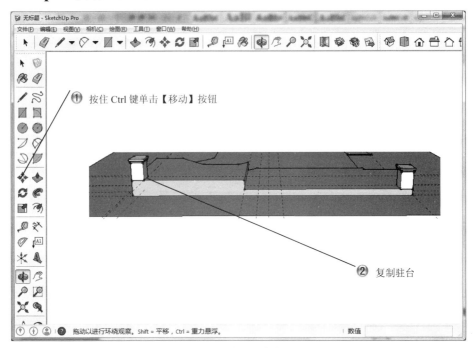

① 按住 Ctrl 键单击【移动】按钮

② 复制驻台

图 2-99　制作其余栏杆驻台

Step13 绘制栏杆，如图 2-100 所示。

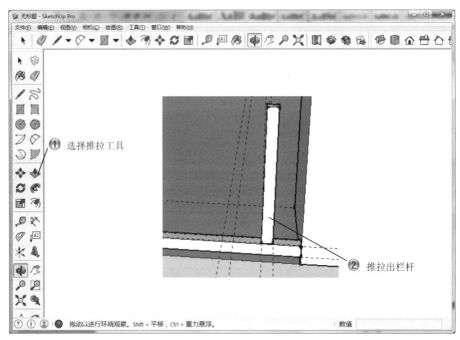

① 选择推拉工具

② 推拉出栏杆

图 2-100　推拉出栏杆

Step14 将已做好的横向栏杆进行复制，如图 2-101 所示。

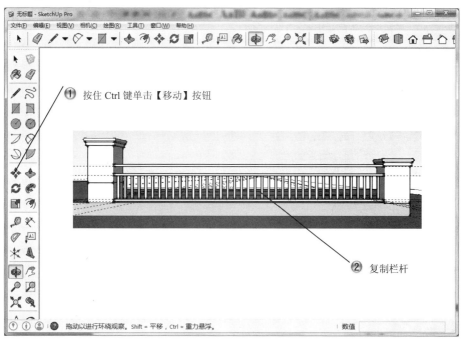

图 2-101　复制栏杆

Step15 推拉绘制二层台阶，如图 2-102 所示。

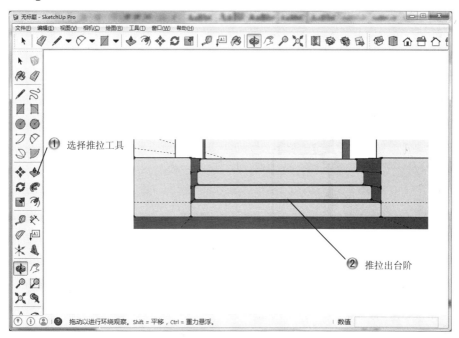

图 2-102　绘制二层台阶

●Step16 复制绘制其余栏杆，如图 2-103 所示。

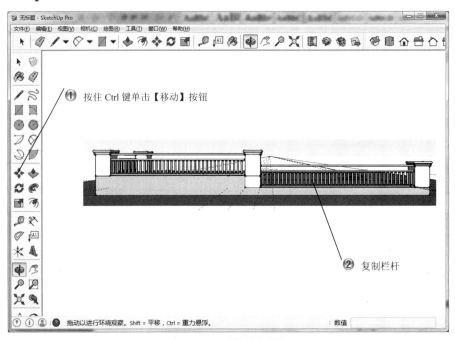

图 2-103　制作其余栏杆

●Step17 将绘制好的墙体轮廓向内偏移 100mm，如图 2-104 所示，绘制出别墅首层轮廓。

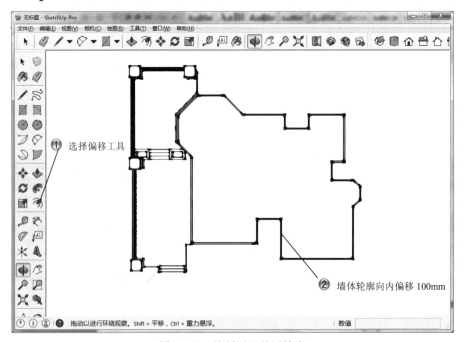

图 2-104　绘制别墅首层轮廓

Step18 将已画好墙体轮廓向上推拉，如图 2-105 所示。

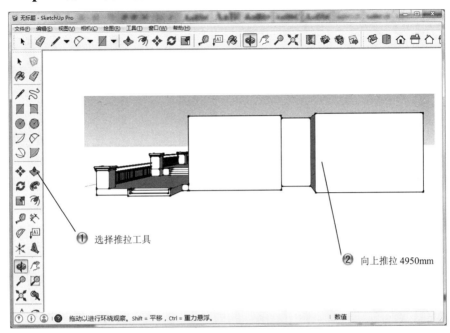

图 2-105   推拉墙体

Step19 绘制台阶高度轮廓，高度为 150mm，共 6 阶台阶，如图 2-106 所示。

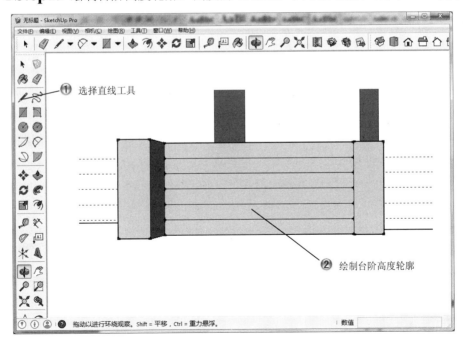

图 2-106   绘制台阶高度轮廓

Step20 推拉出别墅台阶，如图 2-107 所示。

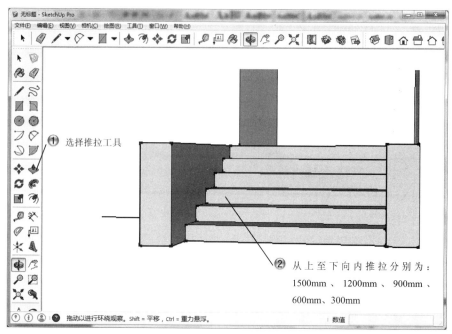

图 2-107　绘制别墅台阶

Step21 绘制窗子轮廓，如图 2-108 所示。

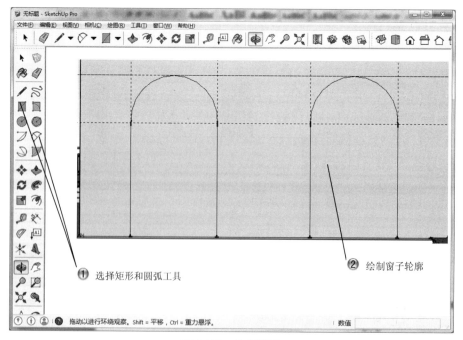

图 2-108　绘制窗子

Step22 绘制窗子内格，如图 2-109 所示。

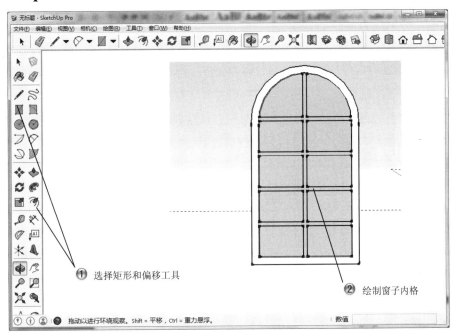

图 2-109　绘制窗子内格

Step23 将窗子外轮廓向内推拉 100mm，绘制出窗洞，如图 2-110 所示。

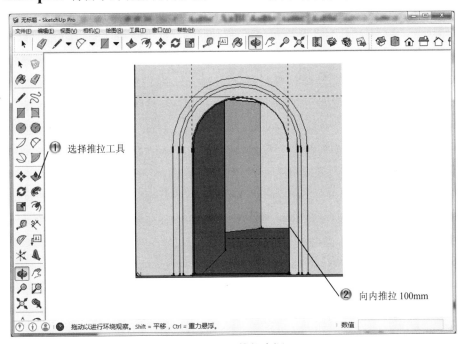

图 2-110　推拉窗洞

⦿Step24 按照此方法绘制出右侧窗子，如图 2-111 所示。

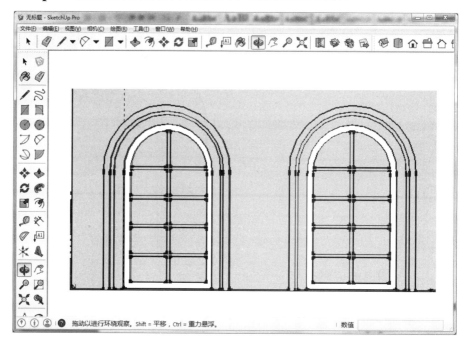

图 2-111　绘制右侧窗子

⦿Step25 按照此方法绘制出门洞，如图 2-112 所示。

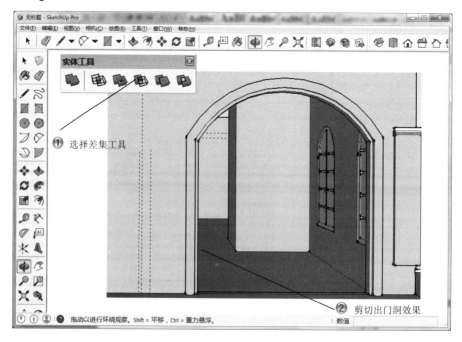

① 选择差集工具

② 剪切出门洞效果

图 2-112　绘制门洞

Step26 按照之前所做，同样绘制出其他类型窗子，如图 2-113 所示。

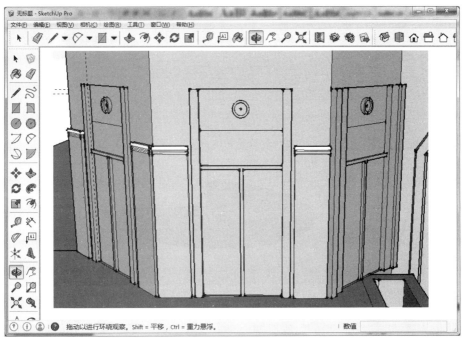

图 2-113　绘制其他窗子

Step27 绘制轮廓并推拉出正门口装饰，如图 2-114 所示。

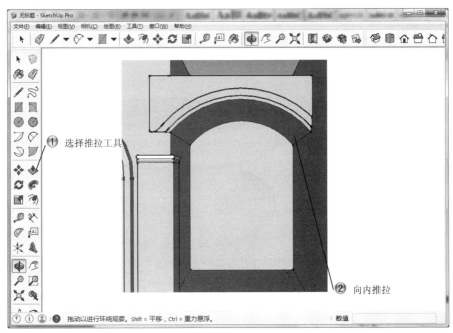

图 2-114　绘制正门门口装饰

Step28 绘制正门口柱子底座所需要的图形轮廓，如图 2-115 所示。

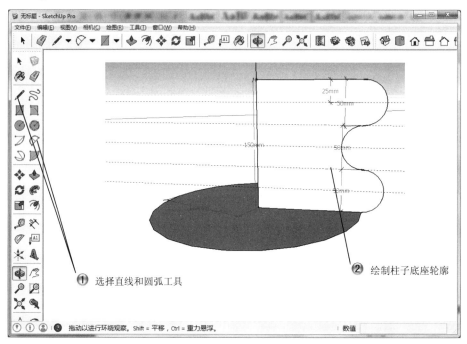

图 2-115　绘制圆形装饰柱底座

Step29 绘制圆形装饰柱底座，如图 2-116 所示。

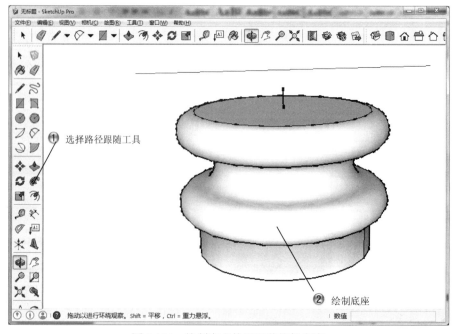

图 2-116　绘制完成的圆形装饰柱底座

Step30 推拉绘制出门口柱子，如图 2-117 所示。

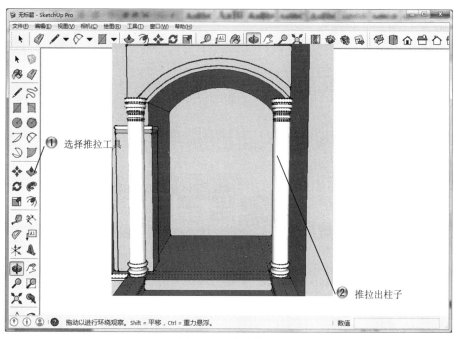

① 选择推拉工具

② 推拉出柱子

图 2-117　绘制柱子

Step31 绘制别墅二层轮廓，如图 2-118 所示。

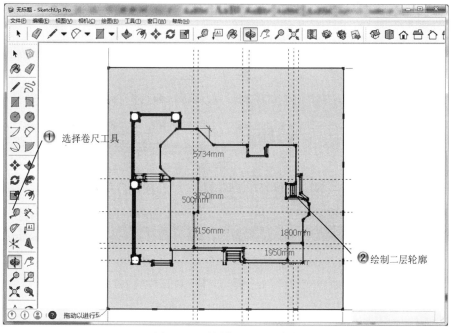

① 选择卷尺工具

② 绘制二层轮廓

图 2-118　绘制别墅二层轮廓

Step32 推拉出二层墙面，如图 2-119 所示。

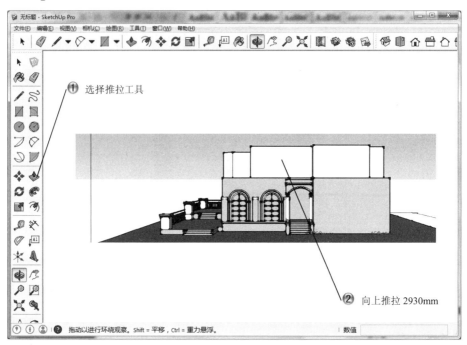

图 2-119　推拉墙面

Step33 按照前面的方法绘制出二层的柱子和栏杆，如图 2-120 所示。

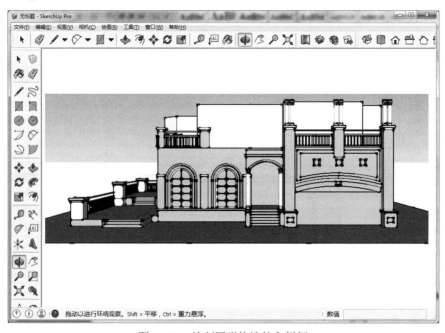

图 2-120　绘制圆形构造柱和栏杆

Step34 按照前面的方法绘制二层前侧的窗子，如图 2-121 所示。

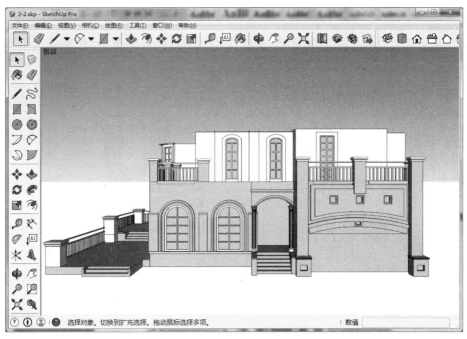

图 2-121　绘制别墅二层前侧窗子

Step35 同样绘制二层左侧的窗子，如图 2-122 所示。

图 2-122　绘制别墅二层左侧窗子

Step36 制作别墅屋面，如图 2-123 所示。

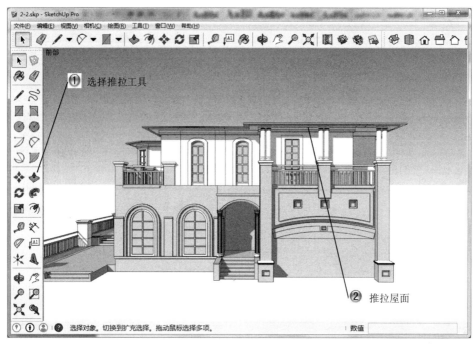

图 2-123　制作别墅屋顶

Step37 绘制坡屋顶轮廓线，如图 2-124 所示。

图 2-124　制作别墅坡屋面

**Step38** 最后进行推拉完成屋顶，这样就完成了整个范例制作，效果如图 2-125 所示。

图 2-125　范例最终效果

2.4　专家总结

　　本章主要学习的内容，是使用了 SketchUp 的一些基本命令与工具，可以制作简单的模型并修改模型，同时通过本章的学习，可以通过模型操作绘制较为复杂的模型，在以后的绘图中遇到复杂模型可以轻松应对。希望大家熟练操作这些基本工具，在以后绘图应用中会经常用到。

2.5　课后习题

2.5.1　填空题

　　（1）一般完成圆的绘制后便会＿＿＿＿＿＿，如果将＿＿＿＿＿＿删除，就会得到＿＿＿＿＿＿。

　　（2）绘制弧线（尤其是连续弧线）的时候常常会找不准方向，可以通过设置＿＿＿＿＿＿，然后在＿＿＿＿＿＿上绘制弧线来解决。

　　（3）【推/拉】工具只能作用于表面，因此不能在＿＿＿＿＿＿模式下工作。

2.5.2 问答题

（1）如何修改圆或圆弧的半径？
（2）实体外壳的作用和使用方法？
（3）简述柔化边线的方法？

2.5.3 上机操作题

使用本章学过的命令创建如图 2-126 所示较为简单的住宅建筑模型效果。
一般创建步骤和方法：
（1）绘制墙体框架。
（2）绘制窗户。
（3）绘制屋顶。
（4）进行细节模型操作。

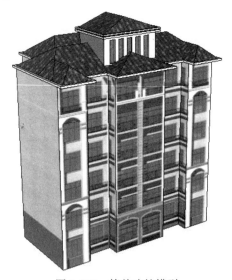

图 2-126　简单建筑模型

第 3 章 标注尺寸和文字

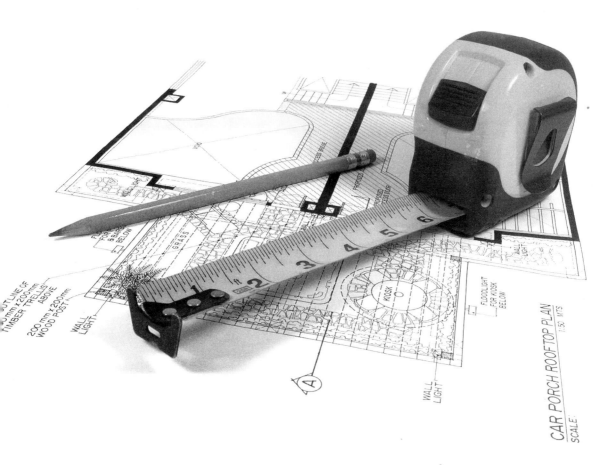

	内　容	掌握程度	课　时
课训目标	测量模型	熟练运用	2
	标注尺寸	熟练运用	2
	标注文字	熟练运用	2

课程学习建议

经过前面的学习，读者已经掌握了基本模型的制作方法。SketchUp 尺寸标注可以更直观地观察模型大小，也可以辅助绘图把握绘图的准确性，文字的绘制可以更方便地为图形添加说明。本章主要来讲解模型尺寸标注、文字标注以及对于群组和组件的管理，其培训课程表如下。

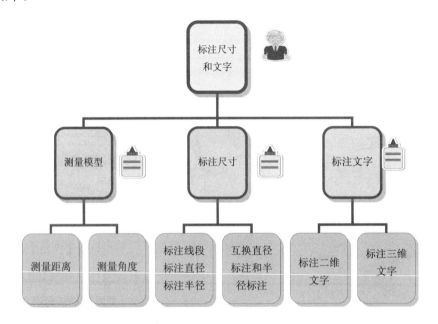

3.1 测量模型

基本概念

测量模型是 SketchUp 模型制作中重要的辅助方法，主要用来对模型的距离、角度等参数进行测量。

课堂讲解课时：2 课时

3.1.1 设计理论

测量距离主要使用【卷尺工具】，执行【卷尺工具】命令主要有以下几种方式：

- 在【菜单栏】中，选择【工具】|【卷尺】菜单命令，如图 3-1 所示。
- 直接键盘输入 T 键。
- 单击【大工具集】工具栏中的【卷尺】按钮。

工具(T)	窗口(W)	帮助(H)
✓	选择(S)	均分图元
	橡皮擦(E)	E
	材质(I)	B
	移动(V)	M
	旋转(T)	Q
	缩放(C)	S
	推/拉(P)	P
	路径跟随(F)	
	偏移(O)	F
	实体外壳	
	实体工具	▶
	卷尺(M)	T
	量角器(O)	
	坐标轴(X)	
	尺寸(D)	
	文字标注(T)	
	三维文字(3)	
	剖切面(N)	
	高级相机工具	▶
	互动	
	沙盒	▶

图 3-1 【卷尺】菜单命令

测量角度主要使用【量角器】，执行【量角器】命令主要有以下几种方式：

- 在【菜单栏】中，选择【工具】|【量角器】菜单命令。
- 单击【大工具集】工具栏中的【量角器】按钮。

 **3.1.2 课堂讲解**

下面来介绍不同的测量方式。

1. 测量距离

（1）测量两点间的距离

激活【卷尺】工具，然后拾取一点作为测量的起点，接着拖动鼠标会出现一条类似参考线的【测量带】，其颜色会随着平行的坐标轴而变化，并且数值控制框会实时地显示【测量带】的长度，再次单击拾取测量的终点后，测得的距离会显示在数值控制框中。

（2）全局缩放

使用【卷尺】工具可以对模型进行全局缩放，这个功能非常实用，用户可以在方案研究阶段先构建粗略模型，当确定方案后需要更精确的模型尺寸时，只要重新制定模型中两点的距离即可。

在 SketchUp 中可以通过【多边形】工具（快捷键为 Alt+B）创建正多边形，但是只能控制多边形的边数和半径，不能直接输入边长。不过有个变通的方法，就是利用【卷尺】工具进行缩放。以一个边长为 1000mm 的六边形为例首先创建一个任意大小的等边六边形，然后将它创建为组并进入组件的编辑状态，然后使用【卷尺】工具（快捷键为 Q 键）测量一条边的长度，接着通过键盘输入需要的长度 1000mm，（注意，一定要先创建为组，然后进入组内进行编辑，否则会将场景模型都进行缩放）。

2. 测量角度

（1）测量角度

激活【量角器】工具后，在视图中会出现一个圆形的量角器，鼠标光标指向的位置就是量角器的中心位置，量角器默认对齐红/绿轴平面。

在场景中移动光标时，量角器会根据旁边的坐标轴和几何体而改变自身的定位方向，用户可以按住 Shift 键锁定所在平面。

在测量角度时，将量角器的中心设在角的顶点上，然后将量角器的基线对齐到测量角的起始边上，接着再拖动鼠标旋转量角器，捕捉要测量角的第二条边，此时光标处会出现一条绕量角器旋转的辅助线，捕捉到测量角的第二条边后，测量的角度值会显示在数值控制框中，如图 3-2 所示。

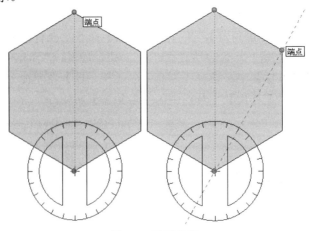

图 3-2 测量角度

（2）创建角度辅助线

激活【量角器】工具，然后捕捉辅助线将经过的角的顶点，并单击鼠标左键将量角器放置在该点上，接着在已有的线段或边线上单击，将量角器的基线对齐到已有的线上，此时会出现一条新的辅助线，移动光标到需要的位置，辅助线和基线之间的角度值会在数值控制框中动态显示，如图 3-3 所示。

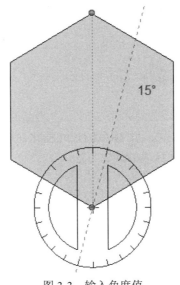

图 3-3　输入角度值

角度可以通过数值控制框输入，输入的值可以是角度（例如 15°），也可以是斜率（角的正切，例如 1：6）；输入负值表示将向当前鼠标指定方向的反方向旋转；在进行其他操作之前可以持续输入修改。

（3）锁定旋转的量角器

按住 Shift 键可以将量角器锁定在当前的平面定位上。

【卷尺】工具没有平面限制，该工具可以测出模型中任意两点的准确距离。尺寸的更改可以根据不同图形要求进行设置。当调整模型长度的时候，尺寸标注也会随之更改。

名师点拨

3.2 标注尺寸

基本概念

SketchUp 中的尺寸标注，可以随着模型的尺寸变化而变化，可以帮助在绘制模型中对尺寸的把控。下面主要讲解尺寸标注的具体方法。

课堂讲解课时：2 课时

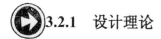

3.2.1 设计理论

下面介绍一下辅助线的绘制与管理。

1. 绘制辅助线

执行【辅助线】命令主要有以下几种方式，如图 3-4 所示。

> - 在【菜单栏】中，选择【工具】|【卷尺】、【量角器】菜单命令。
> - 单击【大工具集】工具栏中的【卷尺】按钮，【量角器】按钮。

使用【卷尺】工具绘制辅助线的方法如下。

激活【卷尺】工具，然后在线段上单击拾取一点作为参考点，此时在光标上会出现一条辅助线随着光标移动，同时会显示辅助线与参考点之间的距离，接着确定辅助线的位置后，单击鼠标左键即可绘制一条辅助线，如图 3-5 所示。

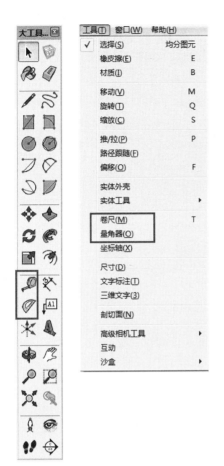

图 3-4 绘制辅助线工具

图 3-5 测量距离

2. 管理辅助线

眼花缭乱的辅助线有时候会影响视线,从而产生负面影响,此时可以通过选择【编辑】|
【还原向导】菜单命令或者【编辑】|【删除参考线】菜单命令删除所有的辅助线,如图
3-6 所示。

在【图元信息】对话框中可以查看辅助线的相关信息,并且可以修改辅助线所在的图
层,如图 3-7 所示。

图 3-6 菜单命令

图 3-7 图元信息

辅助线的颜色可以通过【样式】对话框进行设置，在【样式】对话框中切换到【编辑】选项卡，然后对【参考线】选项后面的颜色色块进行调整，如图 3-8 所示。

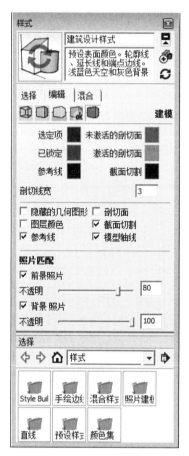
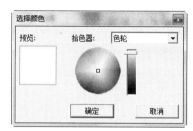

图 3-8　【样式】对话框

3. 导出辅助线

在 SketchUp 中可以将辅助线导出到 AutoCAD 中，以便为进一步精确绘制立面图提供帮助。导出辅助线的方法如下。

选择【文件】|【导出】|【三维模型】菜单命令，然后在弹出的【输出模型】对话框中设置【文件类型】为 AutoCAD DWG File（*. dwg），接着单击【选项】按钮 选项... ，并在弹出的【AutoCAD 导出选项】对话框中启用【构造几何体】复选框，最后依次单击【确定】按钮 确定 和【导出】按钮 导出 将辅助线导出，如图 3-9 所示。为了能更清晰地显示和管理辅助线，可以将辅助线单独放在一个图层上再进行导出。

图 3-9 导出模型

辅助线可以帮助在绘图过程中的尺寸把握。

名师点拨

3.2.2 课堂讲解

下面介绍标注尺寸的方法。

执行【标注尺寸】命令主要有以下几种方式，如图 3-10 所示。

- 在【菜单栏】中，选择【工具】|【尺寸】菜单命令。

- 单击【大工具集】工具栏中的【尺寸】按钮。

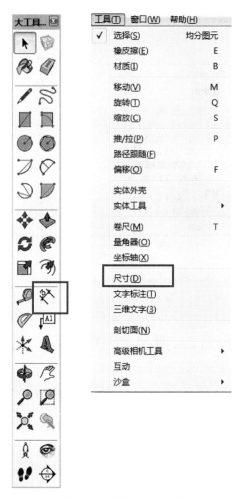

图 3-10　标注尺寸工具

1. 标注线段

激活【尺寸】工具 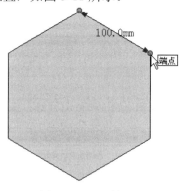，然后依次单击线段两个端点，接着移动鼠标拖曳一定的距离，再次单击鼠标左键确定标注的位置，如图 3-11 所示。

图 3-11　尺寸标注

　　用户也可以直接单击需要标注的线段进行标注，选中的线段会呈高亮显示，单击线段后拖曳出一定的标注距离即可，如图 3-12 所示。

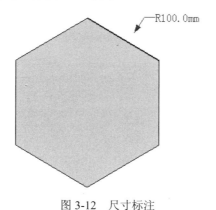

图 3-12　尺寸标注

2. 标注直径

　　激活【尺寸标注】工具 ✎，然后单击要标注的圆，接着移动鼠标拖曳出标注的距离，再次单击鼠标左键确定标注的位置，如图 3-13 示。

3. 标注半径

　　激活【尺寸标注】工具，然后单击要标注的圆弧，接着拖曳鼠标确定标注的距离，如图 3-14 所示。

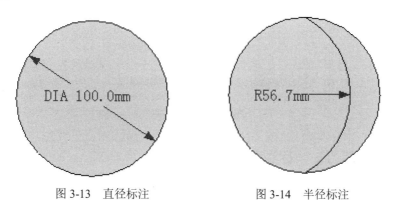

图 3-13　直径标注　　　　　　图 3-14　半径标注

4. 互换直径标注和半径标注

　　在半径标注的右键菜单中选择【类型】｜【直径】命令可以将半径标注转换为直径标注，同样，选择【类型】｜【半径】右键菜单命令可以将直径标注转换为半径标注，如图 3-15 所示。

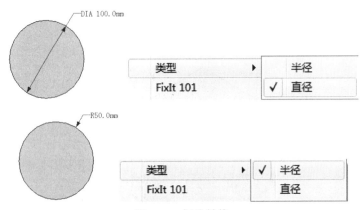

图 3-15　标注转换

SketchUp 中提供了许多种标注的样式以供使用者选择，修改标注样式的步骤：

选择【窗口】｜【模型信息】菜单命令，然后在弹出的【模型信息】对话框中打开【尺寸】选项，接着在【引线】选项组的【端点】下拉列表框中选择【斜线】或者其他方式，如图 3-16 所示。

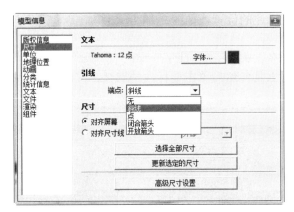

图 3-16　模型信息

3.2.3　课堂练习——标注建筑平面尺寸

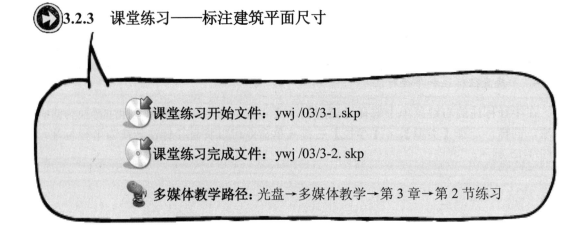

课堂练习开始文件：ywj /03/3-1.skp

课堂练习完成文件：ywj /03/3-2. skp

多媒体教学路径：光盘→多媒体教学→第 3 章→第 2 节练习

Step1 打开 3-1.skp 文件，如图 3-17 所示。

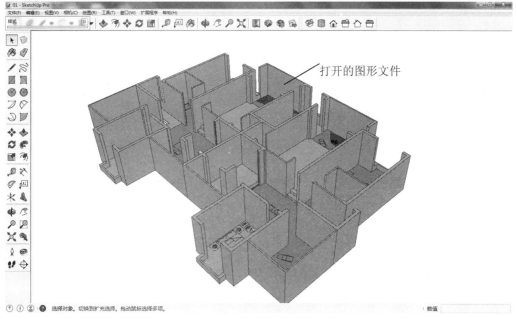

打开的图形文件

图 3-17　打开文件

Step2 对模型右侧房间进行长度标注，如图 3-18 所示。

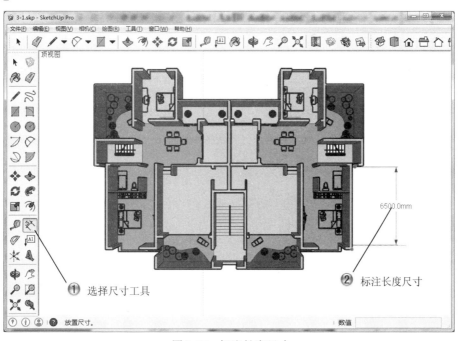

6500.0mm

① 选择尺寸工具

② 标注长度尺寸

图 3-18　标注长度尺寸

!**Step3** 对模型上部进行宽度标注，如图 3-19 所示。

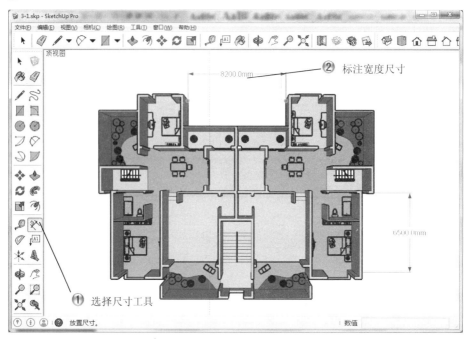

图 3-19　标注宽度尺寸

!**Step4** 对模型左侧房间进行面积标注，如图 3-20 所示。

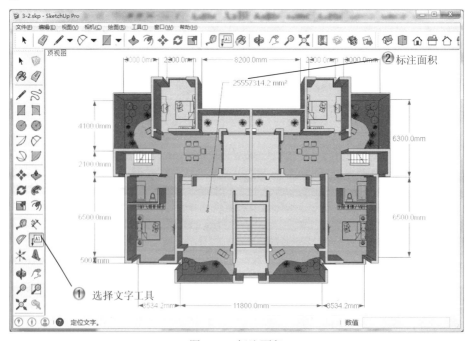

图 3-20　标注面积

!**Step5** 按照同样方法标注其他尺寸，完成范例制作，结果如图 3-21 所示。

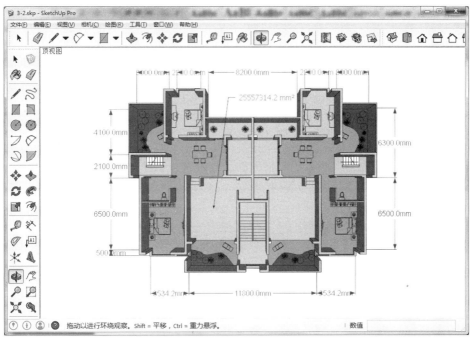

图 3-21　范例结果

3.3　标注文字

在建筑模型的绘制中，建筑上重要的文字必须要标注出来，这样才能显示出一些重要的信息和效果，表达设计师的设计思想。标注文字，可以让观察者更直观地看到模型意义，更清楚表达设计者意图。

下面主要就来讲解文字标注的具体方法。

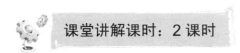

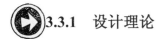**3.3.1　设计理论**

在 SketchUp 中标注文字主要分为标注二维文字和标注三维文字。

（1）标注二维文字主要有以下几种方式，如图 3-22 所示。

- 在【菜单栏】中，选择【工具】|【文字标注】菜单命令。
- 单击【大工具集】工具栏中的【文字】按钮 ▙[A1]。

（2）标注三维文字主要有以下几种方式，如图 3-22 所示。

- 在【菜单栏】中，选择【工具】|【三维文字】菜单命令。
- 单击【大工具集】工具栏中的【三维文字】按钮 ▲。

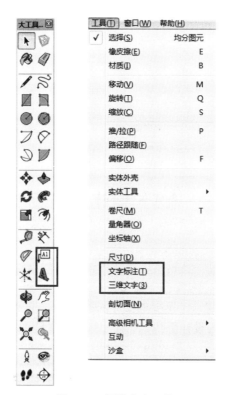

图 3-22　标注文字工具

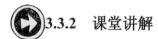 **3.3.2　课堂讲解**

1. 标注二维文字

在插入引线文字的时候，先激活【文本标注】工具 ▙[A1]，然后在实体（表面、边线、顶点、组件、群组等）上单击，指定引线指向的位置，接着拖曳出引线的长度，并单击确定文本框的位置，最后在文本框中输入注释文字，如图 3-23 所示。

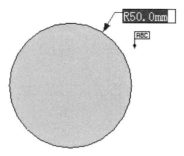

图 3-23　文本标注

输入注释文字后，按两次 Enter 键或者单击文本框的外侧就可以完成输入，按 Esc 键可以取消操作。

文字也可以不需要引线而直接放置在实体上，只需在需要插入文字的实体上双击即可，引线将被自动隐藏。

插入屏幕文字的时候，先激活【文字标注】工具，然后在屏幕的空白处单击，接着在弹出的文本框中输入注释文字，最后按两次 Enter 键或者单击文本框的外侧完成输入。

屏幕文字在屏幕上的位置是固定的，受视图改变的影响。另外，在已经编辑好的文字上双击鼠标左键即可重新编辑文字，可以在文字的右键菜单中选择【编辑文字】命令。

2. 标注三维文字

激活【三维文字】工具，会弹出【放置三维文字】对话框，如图 3-24 所示。

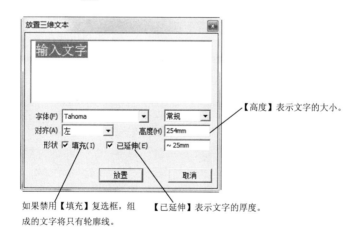

图 3-24　【放置三维文字】对话框

在【放置三维文字】对话框的文本框中输入文字后，单击【放置】按钮，即可将文字拖放至合适的位置，生成的文字自动成组，使用【缩放】工具可以对文字进行缩放，如图 3-25 所示。

图 3-25　放置三维文字

3.3.3　课堂练习——制作建筑名头

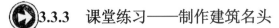

课堂练习开始文件：ywj /03/3-3-1. skp

课堂练习完成文件：ywj /03/3-3-2. skp

多媒体教学路径：光盘→多媒体教学→第 3 章→第 3 节练习

Step1 打开 3-3-1. skp 文件，如图 3-26 所示。

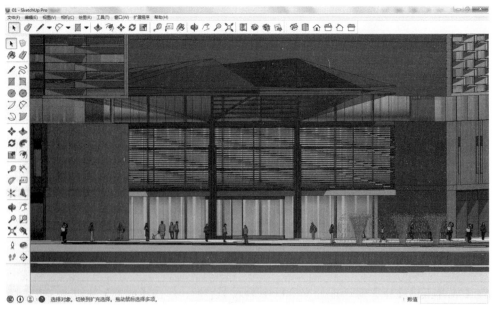

图 3-26　打开文件

Step2 输入三维文字 "LOAXLIFE"，如图 3-27 所示。

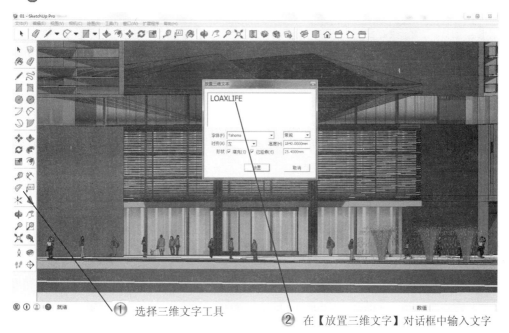

① 选择三维文字工具　　　② 在【放置三维文字】对话框中输入文字

图 3-27　输入三维文字

Step3 放置文字到合适位置，完成名称添加，如图 3-28 所示，范例最终结果如图 3-29 所示。

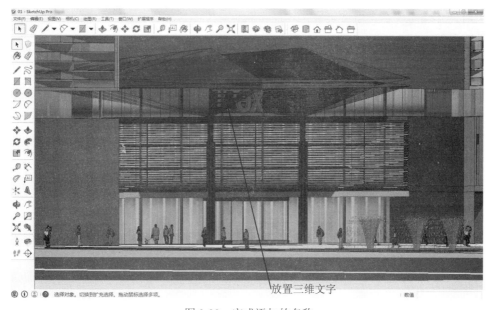

放置三维文字

图 3-28　完成添加的名称

图 3-29　范例最终效果

3.4　专家总结

本章学习了 SketchUp 中测量模型、尺寸标注和标注文字的功能方法；通过学习，可以熟练应用尺寸标注工具对模型进行尺寸标注和尺寸大小控制，为模型添加文字说明，这也是非常实用的。

3.5　课后习题

3.5.1　填空题

（1）【卷尺】工具没有＿＿＿＿＿＿＿＿限制，该工具可以测出模型中任意两点的准确距离。
（2）辅助线可以帮助在绘图过程中的＿＿＿＿＿＿＿＿。

3.5.2　问答题

（1）测量距离的方法有哪些？
（2）如何使用【卷尺】工具绘制辅助线？

3.5.3　上机操作题

如图 3-30 所示，使用本章学过的命令来创建商场门头。

一般创建步骤和方法：

（1）创建商场模型。

（2）使用三维文字标注商场门头。

图 3-30　商场门头

第4章 设置材质与贴图

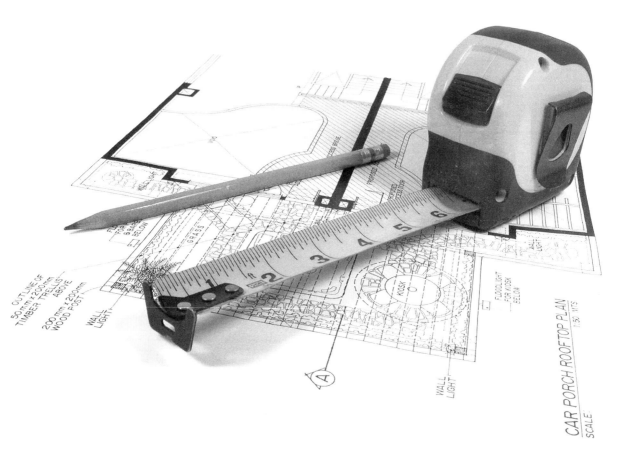

	内　容	掌握程度	课　时
课训目标	材质操作	熟练运用	2
	运用基本贴图	熟练运用	2
	运用复杂贴图	熟练运用	2

课程学习建议

SketchUp 拥有强大的材质库，可以应用于边线、表面、文字、剖面、组和组件中，并实时显示材质效果，所见即所得。而且在材质赋予以后，可以方便地修改材质的名称、颜色、透明度、尺寸大小及位置等属性特征，这是 SketchUp 的最大的优势之一。

本章将带领大家一起学习 SketchUp 的材质功能的应用，包括材质的提取、填充、坐标调整、特殊形体的贴图以及 PNG 贴图的制作及应用等，其培训课程表如下。

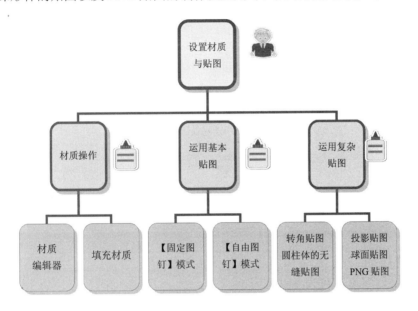

4.1　材质操作

基本概念

建筑模型的材质主要体现建筑实际材质的应用效果，添加材质后的建筑模型会更加接近真实的建筑，因此在建筑草图模型设计中，材质和贴图设计都是非常重要的。本节主要介绍基本的材质操作方法，基本的材质操作可以简单的为模型添加材质贴图。

课堂讲解课时：2 课时

4.1.1　设计理论

在 SketchUp 中创建几何体的时候，会被赋予默认的材质。默认材质的正反两面显示的颜色是不同的，这是因为 SketchUp 使用的是双面材质。如图 4-1 所示。

默认材质正反两面的颜色可以在【样式】对话框的【编辑】选项卡中进行设置。

图 4-1　【样式】对话框

双面材质的特性可以帮助用户更容易区分表面的正反朝向，以方便将模型导入其他软件时调整面的方向。

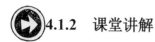

4.1.2　课堂讲解

1. 材质编辑器

执行【材质】编辑器命令方式如下：

● 在【菜单栏】中，选择【窗口】|【材质】菜单命令。

选择【窗口】|【材质】菜单命令可以打开【材质】编辑器，如图 4-2 所示。在【材质】编辑器中有【选择】和【编辑】两个选项卡，这两个选项卡用来选择与编辑材质，也可以浏览当前模型中使用的材质。

【名称】文本框：选择一个材质赋予模型以后，在
【名称】文本框中将显示材质的名称，用户可以在
这里为材质重新命名，如图 4-3 所示。

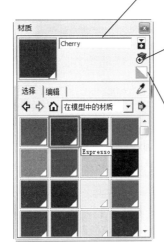

【创建材质】按钮：单击该按钮将弹出【创建材质】
对话框，在该对话框中可以设置材质的名称、颜色、大
小等属性，如图 4-4 所示。

【点按开始使用这种颜料绘画单】窗口：该窗口的
实质就是用于材质预览窗口，选择或者提取一个材质
后，在该窗口中会显示这个材质，同时会自动激活【材
质】工具。

图 4-2　【材质】编辑器

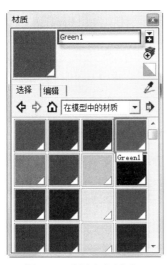

图 4-3　重新命名材质

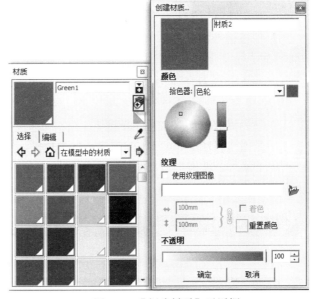

图 4-4　【创建材质】对话框

2. 填充材质

执行【材质】命令主要有以下几种方式：

- 在【菜单栏】中，选择【窗口】|【材质】菜单命令。
- 直接键盘输入 B 键。
- 单击【大工具集】工具栏中的【材质】按钮。

（1）单个填充（无需任何按键）

激活【材质】工具 🖌 后，在单个边线或表面上单击鼠标左键即可填充材质。如果事先选中了多个物体，则可以同时为选中的物体上色。

（2）邻接填充（按住 Ctrl 键）

激活【材质】工具 🖌 的同时按住 Ctrl 键，可以同时填充与所选表面相邻接并且使用相同材质的所有表面。在这种情况下，当捕捉到可以填充的表面时，【材质】工具 🖌 图标右上角会横放 3 个小方块，变为 🖌。如果事先选中了多个物体，那么邻接填充操作会被限制在所选范围之内。

（3）替换填充（按住 Shift 键）

激活【材质】工具 🖌 的同时按住 Shift 键，【材质】工具 🖌 图标右上角会直角排列 3 个小方块，变为 🖌，这时可以用当前材质替换所选表面的材质。模型中所有使用该材质的物体都会同时改变材质。

（4）邻接替换（按住 Ctrl+Shift 组合键）

激活【材质】工具 🖌 的同时按住 Ctrl+Shift 组合键，可以实现【邻接填充】和【替换填充】的效果。在这种情况下，当捕捉到可以填充的表面时，【材质】工具 🖌 图标右上角会竖直排列 3 个小方块，变为 🖌，单击即可替换所选表面的材质，但替换的对象将限制在所选表面有物理连接的几何体中。如果事先选择了多个物体，那么邻接替换操作会被限制在所选范围之内。

（5）提取材质（按住 Alt 键）

激活【材质】工具 🖌 的同时按住 Alt 键，图标将变成 🖊，此时单击模型中的实体，就能提取该材质。提取的材质会被设置为当前材质，用户可以直接用来填充其他物体。

配合键盘上的按键，使用【材质】工具 🖌 可以快速为多个表面同时填充材质。

名师点拨

4.1.3 课堂练习——制作小别墅材质

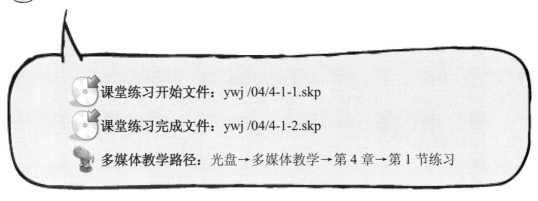

课堂练习开始文件：ywj /04/4-1-1.skp

课堂练习完成文件：ywj /04/4-1-2.skp

多媒体教学路径：光盘→多媒体教学→第 4 章→第 1 节练习

Step1 打开 4-1-1.skp 文件，如图 4-5 所示。

图 4-5　打开文件

Step2 选择屋顶瓦片材质，设置屋顶材质，如图 4-6 所示。

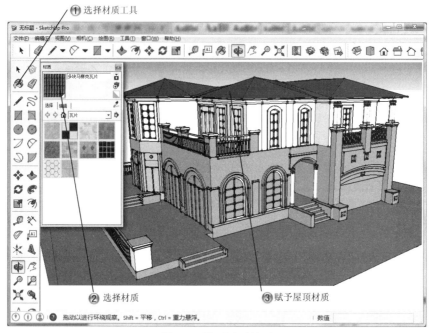

图 4-6　设置屋顶材质

Step3 设置门窗玻璃，如图 4-7 所示。

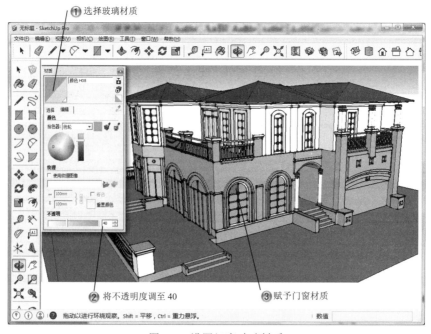

图 4-7　设置门窗玻璃材质

Step4 并设置外墙材质，如图 4-8 所示。

① 选择外墙材质

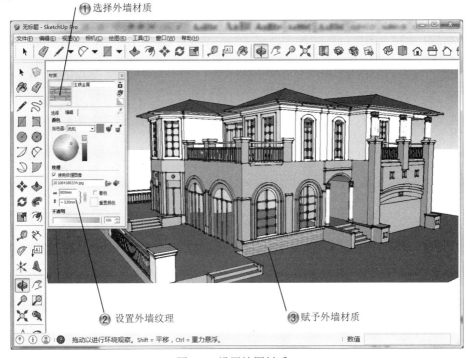

② 设置外墙纹理　　　③ 赋予外墙材质

图 4-8　设置墙围材质

Step5 设置左侧台阶材质，如图 4-9 所示。

① 选择材质

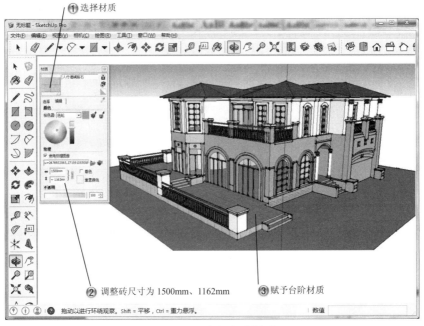

② 调整砖尺寸为 1500mm、1162mm　　　③ 赋予台阶材质

图 4-9　设置左侧台阶材质

Step6 设置栏杆材质，如图 4-10 所示。

① 设置栏杆材质 ② 赋予栏杆材质

图 4-10 设置栏杆材质

Step7 设置墙面材质，如图 4-11 所示。

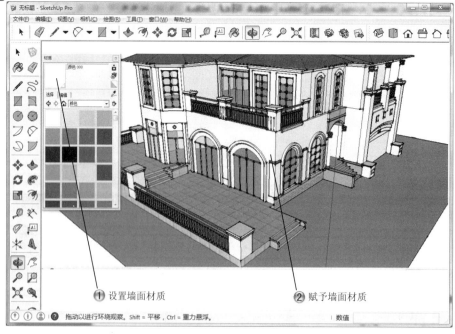

① 设置墙面材质 ② 赋予墙面材质

图 4-11 设置墙面材质

Step8 按照同样方法设置正门台阶材质，如图 4-12 所示。

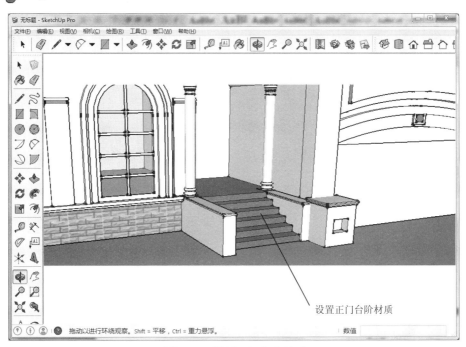

设置正门台阶材质

图 4-12　设置正门台阶材质

Step9 设置窗台及门框材质，如图 4-13 所示。

① 设置窗台和门框材质　　　② 赋予窗台和门框材质

图 4-13　设置窗台及门框材质

Step10 设置地面材质，如图 4-14 所示。

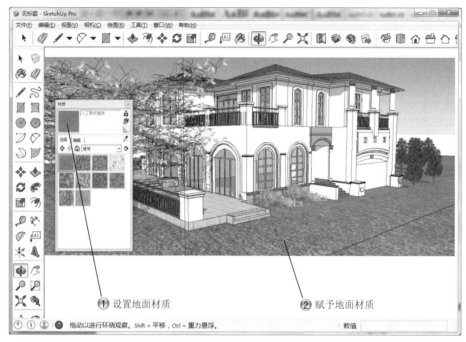

图 4-14　设置地面材质

Step11 最后导入图片及树木，完成范例制作，最终效果如图 4-15 所示。

图 4-15　最终效果

4.2 运用基本贴图

基本概念

绘制建筑物模型时，如果没有贴图效果，模型就无法表示出建筑的真实效果，应用贴图可以快速地将建筑物的一些表面效果真实表现出来，因此贴图在建筑模型制作中是很重要的。

在【材质】编辑器中可以使用 SketchUp 自带的材质库，当然，材质库中只是一些基本贴图，在实际工作中，还需自己动手编辑材质。从外部获得的贴图应尽量控制大小，如有必要可以使用压缩的图像格式来减小文件量，例如 JPGE 或者 PNG 格式。

课堂讲解课时：2 课时

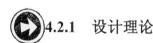**4.2.1 设计理论**

导致贴图不随物体一起移动的原因在于贴图图片拥有一个坐标系统，坐标的原点就位于 SketchUp 坐标系的原点上。如果贴图正好被赋予物体的表面，就需要使物体的一个顶点正好与坐标系的原点相重合，这是非常不方便的。

解决的方法有两种。

> 第一种：在贴图之前，先将物体制作成组件，由于组件都有其自身的坐标系，且该坐标系不会随着组件的移动而改变，因此先制作组件再赋予材质，就不会出现贴图不随着实体的移动而移动的问题。
>
> 第二种：利用 SketchUp 的贴图坐标，在贴图时用鼠标右键单击在弹出的菜单中执行【贴图坐标】命令，进入贴图坐标的编辑状态，然后什么也不用做，只需再次用鼠标右键单击在弹出的菜单中执行【完成】命令即可。退出编辑状态后，贴图就可以随着实体一起移动了。

> 如果需要从外部获得贴图纹理，可以在【材质】编辑器的【编辑】选项卡中启用【使用贴图】复选框（或者单击【浏览】按钮），此时将弹出一个为对话框用于选择贴图并导入 SketchUp 中。如果需要从外部获得贴图纹理，可以在【材质】编辑器的【编辑】选项卡中启用【使用贴图】复选框（或者单击【浏览】按钮），此时将弹出一个为对话框用于选择贴图并导入 SketchUp 中。

 名师点拨

4.2.2　课堂讲解

执行【贴图坐标】命令方式如下：

- 右键菜单，选择【纹理】|【位置】菜单命令。

SketchUp 的贴图坐标有两种模式，分别为【固定图钉】模式和【自由图钉】模式。

1.　【固定图钉】模式

在物体的贴图上用鼠标右键单击，在弹出的快捷菜单中选择【纹理】|【位置】命令，此时物体的贴图将以透明的方式显示，并且在贴图上会出现 4 个彩色的图钉，每一个图钉都有固定的特有功能，如图 4-16 所示。

【平行四边形变形】图钉
：拖曳蓝色的图钉可以对贴图进行平行四边形变形操作。在移动【平行四边形变形图钉】时，位于下面的两个图钉（【移动】图钉，和【缩放旋转】图钉）是固定的，贴图变形效果如图 4-17 所示。

【移动】图钉：拖曳红色的图钉可以移动贴图，如图 4-18 所示。

【梯形变形】图钉：拖曳黄色的图钉可以对贴图进行梯形变形操作，也可以形成透视效果，如图 4-19 所示。

【缩放旋转】图钉：拖曳绿色的图钉可以对贴图进行缩放和旋转操作。单击鼠标左键时贴图上出现旋转的轮盘，移动鼠标时，从轮盘的中心点将放射出两条虚线，分别对应缩放和旋转操作前后比例与角度的变化。沿着虚线段和虚线弧的原点将显示出系统图像的现在尺寸和原始尺寸，或者也可以用鼠标右键单击，在弹出的快捷菜单中选择【重设】命令。进行重设时，会把旋转和按比例缩放都重新设置，如图 4-20 所示。

图 4-16　彩色的图钉

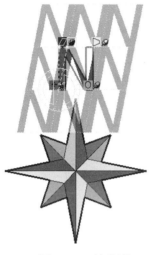

图 4-17　平行操作

图 4-18　移动操作

图 4-19　梯形变形操作

图 4-20　缩放旋转操作

在对贴图进行编辑的过程中，按 Esc 键可以随时取消操作。完成贴图的调整后，用鼠标右键单击，在弹出的快捷菜单中选择【完成】命令或者按 Enter 键确定即可。

名师点拨

2. 【自由图钉】模式

【自由图钉】模式适合设置和消除照片的扭曲。在【自由图钉】模式下，图钉相互之间都不限制，这样就可以将图钉拖曳到任何位置，如图 4-21 所示。

只需在贴图的右键菜单中禁用【固定图钉】命令，即可将【固定图钉】模式调整为【自由图钉】模式，此时 4 个彩色的图钉都会变成相同模样的黄色图钉，用户可以通过拖曳图钉进行贴图的调整。

图 4-21　转换为【自由图钉】模式操作

为了更好地锁定贴图的角度，可以在【模型信息】管理器中设置角度的捕捉为 15 度或 45 度，如图 4-22 所示。

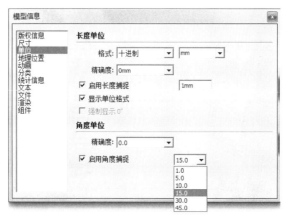

图 4-22　模型信息

4.2.3　课堂练习——制作小屋效果

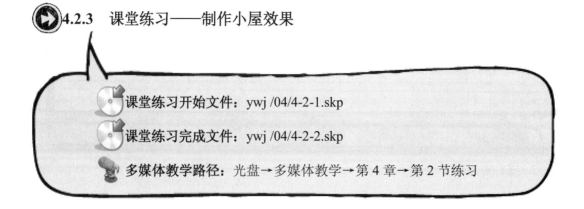

课堂练习开始文件：ywj /04/4-2-1.skp

课堂练习完成文件：ywj /04/4-2-2.skp

多媒体教学路径：光盘→多媒体教学→第 4 章→第 2 节练习

！Step1 打开 4-2-1.skp 文件，如图 4-23 所示。

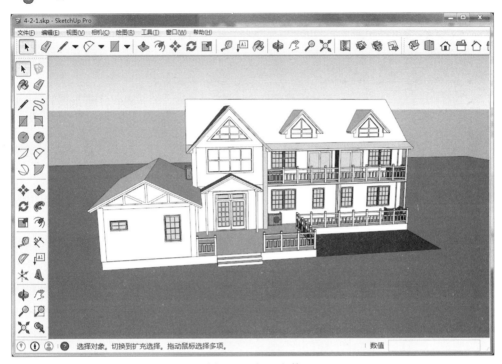

图 4-23　打开文件

！Step2 设置屋顶材质，如图 4-24 所示。

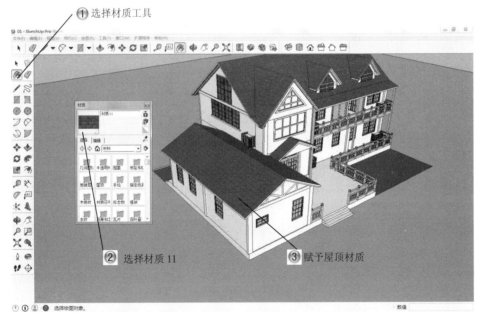

① 选择材质工具

② 选择材质 11　　　③ 赋予屋顶材质

图 4-24　设置屋顶材质

Step3 设置露台材质，如图 4-25 所示。

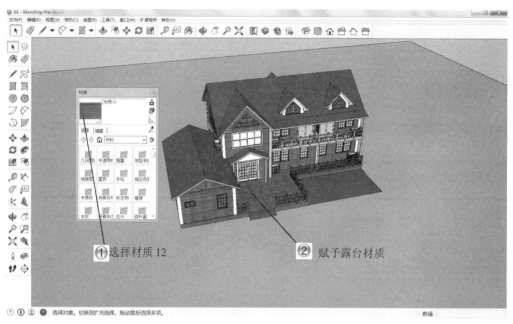

图 4-25　设置露台材质

Step4 设置玻璃材质，如图 4-26 所示。

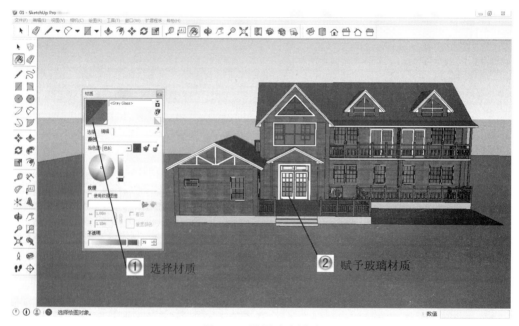

图 4-26　设置玻璃材质

Step5 设置贴图，如图 4-27 所示。

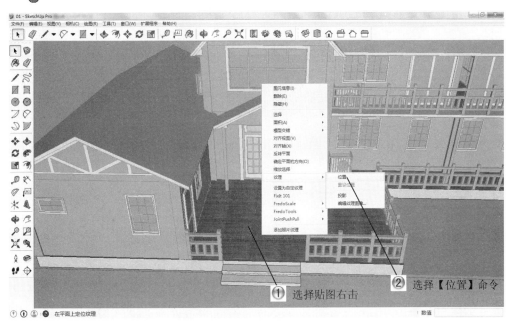

图 4-27　选择位置命令

Step6 调整材质图形，如图 4-28 所示。

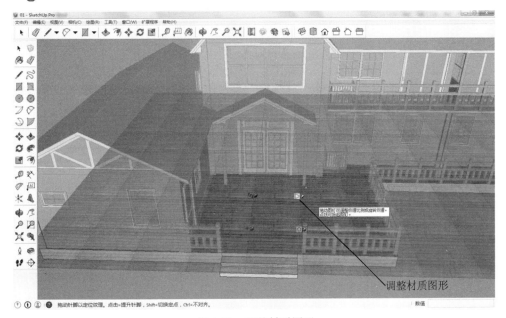

图 4-28　调整材质图形

!Step7 这样完成材质贴图设置，最终效果如图 4-29 所示。

完成材质贴图

图 4-29　完成材质贴图

4.3　运用复杂贴图

基本概念

　　贴图效果中有很多比较复杂的效果，如曲面贴图、无缝贴图等，这些贴图对于保证建筑模型中较为真实的效果非常实用。

课堂讲解课时：2 课时

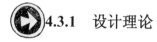4.3.1　设计理论

　　复杂的贴图运用，可以为模型赋予更为复杂的贴图材质，这样模型更能表现设计者的设计意图与想法。

这里介绍的复杂贴图主要包括转角贴图、圆柱体的无缝贴图、投影贴图、球面贴图、PNG 贴图等，选择这些贴图命令的方式如图 4-30 所示。

打开右键菜单，选择【纹理】中的菜单命令。

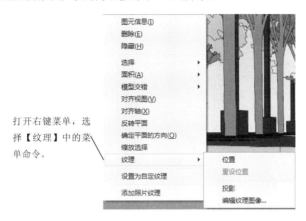

图 4-30　选择贴图命令方式

4.3.2　课堂讲解

1. 转角贴图

执行【贴图调整】命令方式如下：

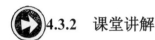

- 右键菜单，选择【纹理】|【位置】菜单命令。

将纹理图片，添加到【材质】编辑器中，接着将贴图材质赋予石头的一个面，如图 4-31 所示。

在贴图表面用鼠标右键单击，然后在弹出的快捷菜单中选择【纹理】|【位置】命令，进入贴图坐标的操作状态，此时直接用鼠标右键单击，在弹出的快捷菜单中选择【完成】命令，如图 4-32 所示。

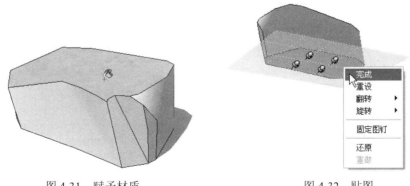

图 4-31　赋予材质　　　　　　　　　　图 4-32　贴图

单击【材质】编辑器中的【样本颜料】按钮（或者使用【材质】工具并配合 Alt 键），然后单击被赋予材质的面，进行材质取样，接着单击其相邻的表面，将取样的材质赋予相邻的表面。完成贴图，效果如图 4-33 所示。

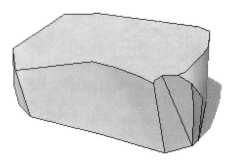

图 4-33　贴图材质

2. 圆柱体的无缝贴图

执行【贴图调整】命令方式如下：

● 右键菜单，选择【纹理】|【位置】菜单命令。

将纹理图片，添加到【材质】编辑器中，接着将贴图材质赋予圆柱体的一个面，会发现没有全部显示贴图。如图 4-34 所示。

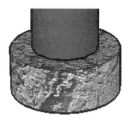

图 4-34　材质贴图

选择【视图】|【隐藏几何图形】菜单命令，将物体网格显示出来。在物体上用鼠标右键单击，然后在弹出的快捷菜单中选择【纹理】|【位置】命令，如图 4-35 所示，接着对圆柱体中的一个分面进行重设贴图坐标操作，如图 4-36 所示，再次用鼠标右键单击，在弹出的快捷菜单中选择【完成】命令。

纹理	►	位置
设置为自定纹理		重设位置
		投影
选取所有与此物体同图层的物体		编辑纹理图像…
选取所有与此物体同材质的物体		

图 4-35　右键菜单命令

单击【材质】编辑器中的【样本颜料】按钮，然后单击已经赋予材质的圆柱体的面，进行材质取样，接着为圆柱体的其他面赋予材质，此时贴图没有出现错位现象，完成效果如图 4-37 所示。

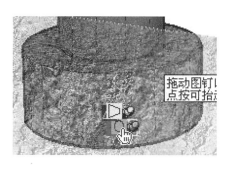

图 4-36　调节图片

图 4-37　完成贴图

3.　投影贴图

执行【贴图调整】命令方式如下：

- 右键菜单，选择【纹理】|【投影】菜单命令。

Sketch Up 的贴图坐标可以投影贴图，就像将一个幻灯片用投影机投影一样。如果希望在模型上投影地形图像或者建筑图像，那么投影贴图就非常有用。任何曲面不论是否被柔化，都可以使用投影贴图来实现无缝拼接。

实际上，投影贴图不同于包裹贴图的花纹是随着物体形状的转折而转折的，花纹大小不会改变，但是图像来源于平面，相当于把贴图拉伸，使其与三维实体相交，是贴图正面投影到物体上形成的形状。因此，使用投影贴图会使贴图有一定变形。

名师点拨

4.　球面贴图

执行【贴图调整】命令方式如下：

● 右键菜单，选择【纹理】|【投影】菜单命令。

熟悉了投影贴图的原理，那么曲面的贴图自然也就会了，因为曲面实际上就是由很多三角面组成的。

5. PNG 贴图

镂空贴图图片的格式要求为 PNG 格式，或者带有通道的 TIF 格式和 TGA 格式。

在【材质】编辑器中可以直接调用这些格式的图片。另外，SketchUp 不支持镂空显示阴影，如果要想得到正确的镂空阴影效果，需要将模型中的物体平面进行修改和镂空，尽量与贴图大致相同。

> PNG 格式是 20 世纪 90 年代中期开发的图像文件存储格式，其目的是想要替代 GIF 格式和 TIFF 格式。PNG 格式增加了一些 GIF 格式文件所不具备的特性，在 SketchUp 中主要运用它的透明性。PNG 格式的图片可以在 Photoshop 中进行制作。

名师点拨

4.3.3 课堂练习——制作景观亭效果

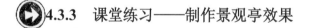

课堂练习开始文件：ywj /04/4-3.skp

课堂练习完成文件：ywj /04/4-3. skp

多媒体教学路径：光盘→多媒体教学→第 4 章→第 3 节练习

Step1 新建文件，绘制矩形面，如图 4-38 所示。

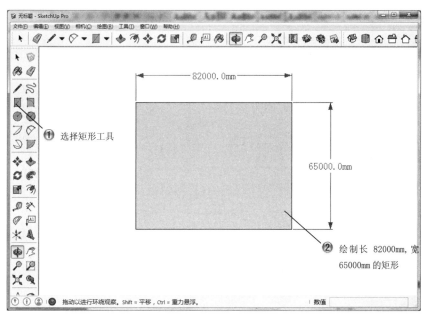

图 4-38　绘制矩形面

Step2 在矩形面上绘制亭子地面轮廓，如图 4-39 所示。

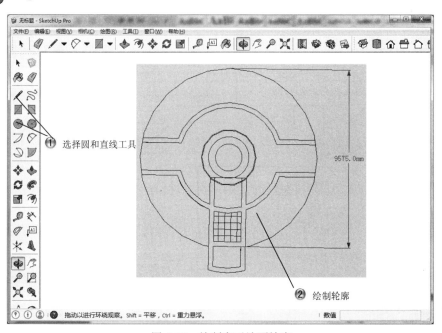

图 4-39　绘制亭子地面轮廓

!**Step3** 推拉出亭子地面，如图 4-40 所示。

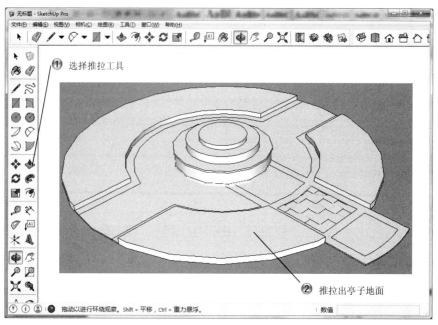

图 4-40　推拉亭子地面

!**Step4** 绘制石凳与亭子柱子底部轮廓线，如图 4-41 所示。

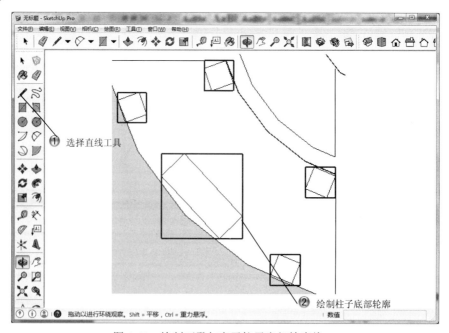

图 4-41　绘制石凳与亭子柱子底部轮廓线

Step5 绘制出石凳与景观亭柱子，如图 4-42 所示。

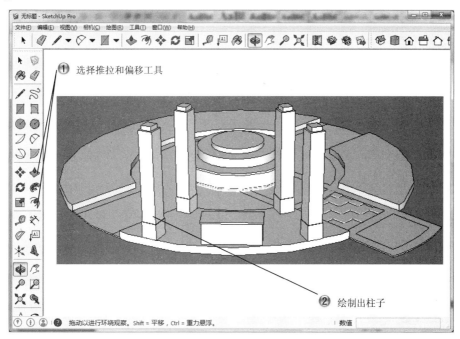

图 4-42　绘制石凳与景观亭柱子

Step6 绘制景观亭顶部轮廓线，如图 4-43 所示。

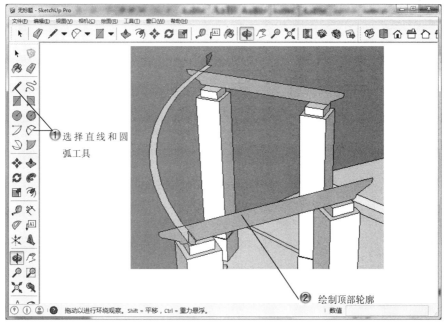

图 4-43　绘制景观亭顶部轮廓线

Step7 推拉出顶部结构，如图 4-44 所示。

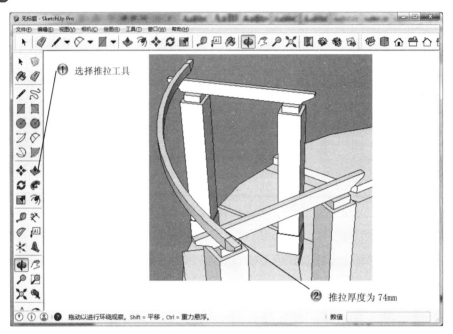

图 4-44　推拉顶部结构

Step8 复制出其他景观构件，如图 4-45 所示。

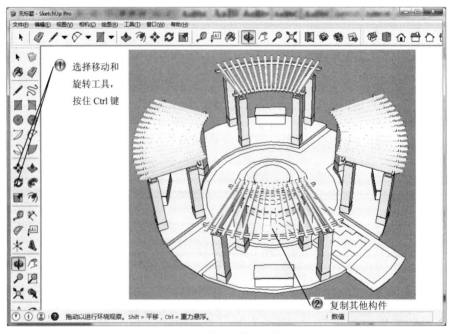

图 4-45　复制出其他景观构件

Step9 设置景观亭顶部材质，如图 4-46 所示。

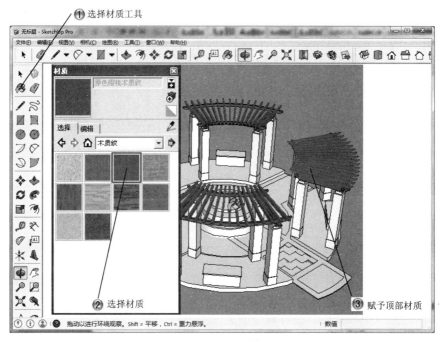

图 4-46　设置顶部材质贴图

Step10 设置景观石材部分材质，如图 4-47 所示。

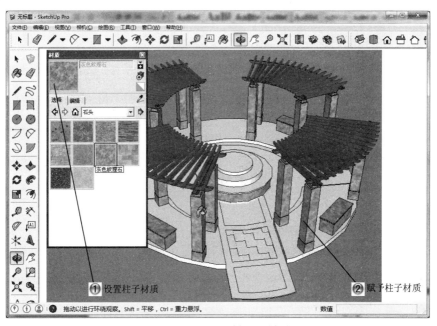

图 4-47　设置景观石材部分材质贴图

Step11 为模型木质部分赋予材质，如图 4-48 所示。

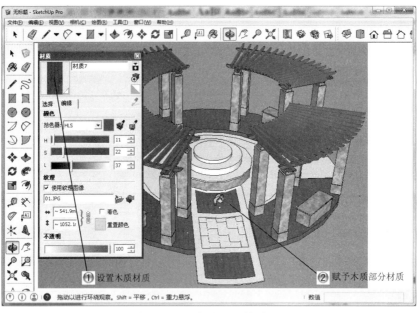

图 4-48 设置木质部分材质贴图

Step12 设置景观亭地面材质，如图 4-49 所示。

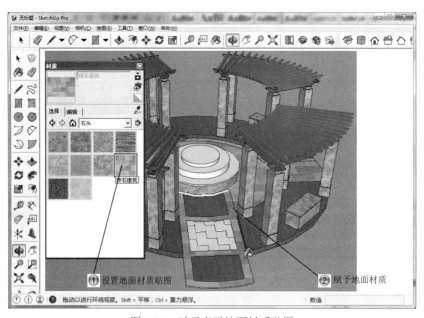

图 4-49 赋予亭子地面材质贴图

!Step13 进行调整贴图，如图 4-50 所示。

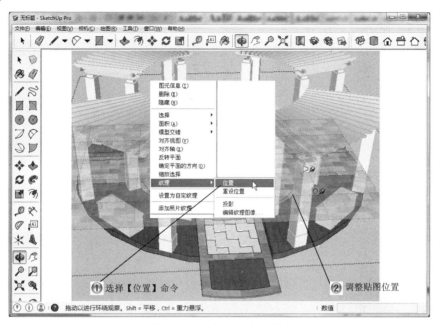

图 4-50　调整亭子地面贴图

!Step14 设置草地与中心台子材质，如图 4-51 所示。

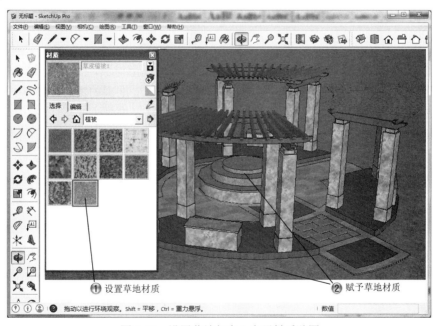

图 4-51　设置草地与中心台子材质贴图

Step15 最后为场景添加组件，绘制完成景观亭，最终效果如图 4-52 所示。

图 4-52　绘制完成景观亭

4.4　专家总结

在本章，大家学习了使用 SketchUp 材质与贴图赋予模型材质，熟悉了调整材质坐标的方法，运用材质贴图来创建模型。一个好的材质贴图可以更准确的表达设计意图，所以大家要多加练习来巩固所学知识。

4.5　课后习题

4.5.1　填空题

（1）SketchUp 的贴图坐标有两种模式，分别为_____模式和_____模式。

（2）PNG 格式是 20 世纪 90 年代中期开发的图像文件存储格式，其目的是想要替代_____格式和_____格式。

4.5.2 问答题

（1）填充材质有哪些方法？
（2）解决贴图不随物体一起移动的方法有哪些？

4.5.3 上机操作题

使用本章学过的各种命令来创建较为真实的建筑模型效果，如图 4-53 所示。
一般创建步骤和方法：
（1）创建建筑物模型。
（2）添加材质和贴图。
（3）调整材质。
（4）添加绿化效果。

图 4-53　建筑模型效果

第5章 图层、群组和组件应用

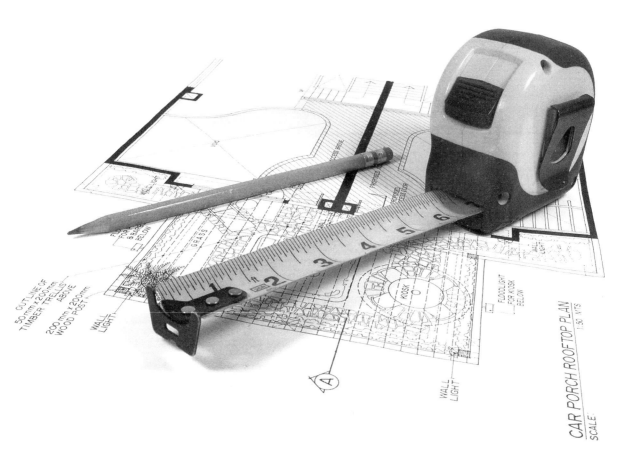

	内容	掌握程度	课时
课训目标	图层的运用及管理	熟练运用	2
	创建和编辑群组	熟练运用	2
	制作和编辑组件	熟练运用	2

课程学习建议

SketchUp 抓住了设计师的职业需求，不依赖图层，而是提供了更加方便的【组/组件】管理功能，这种分类和现实生活中物体的分类十分相似，用户之间还可以通过组或组件进行资源共享，并且它们十分容易修改。

经过了前面的学习，大家已经掌握了基本模型的制作方法。本章主要来讲解 SketchUp 中图层、组和组件的相关知识，包括组和组件的创建、编辑、共享及动态组件的制作原理。其培训课程表如下。

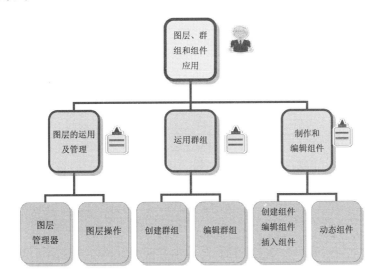

5.1 图层的运用及管理

基本概念

SketchUp 的图层集成了颜色、线型及状态等，通过不同的图层名称设置不同的方式以方便制图过程中对图层管理。

课堂讲解课时：2 课时

5.1.1 设计理论

选择【窗口】|【图层】菜单命令（如图 5-1 所示）可以打开【图层】管理器。

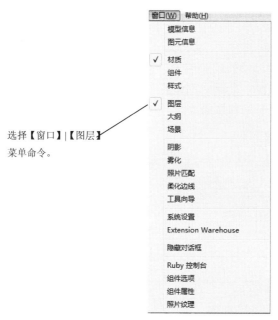

选择【窗口】|【图层】
菜单命令。

图 5-1　选择【图层】命令

5.1.2　课堂讲解

打开的【图层】管理器，如图 5-2 所示。

在【图层】管理器中合并图层，就是当删除图层时弹出【删除包含图元的图层】对话框，在其中选中【将内容移至默认图层】单选按钮，如图 5-3 所示。

在【图层】管理器
中可以查看和编辑
模型中的图层，它
显示了模型中所有
的图层和图层的颜
色，并指出图层是
否可见。

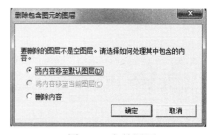

图 5-2　【图层】管理器

图 5-3　合并图层

5.2　创建和编辑群组

基本概念

群组是一些点、线、面或者实体的集合，与组件的区别在于没有组件库和关联复制的特性。但是组可以作为临时性的群组管理，并且不占用组件库，也不会使文件变大，所以使用起来还是很方便。下面就主要来介绍模型的群组管理方法。

 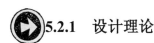

5.2.1 设计理论

群组的优势有以下 5 点。

> （1）快速选择：选中一个组就选中了组内的所有元素。
> （2）几何体隔离：组内的物体和组外的物体相互隔离，操作互不影响。
> （3）协助组织模型：几个组还可以再次成组，形成一个具有层级结构的组。
> （4）提高建模速度：用组来管理和组织划分模型，有助于节省计算机资源，提高建模和显示速度。
> （5）快速赋予材质：分配给组的材质会由组内使用默认材质的几何体继承，而事先制定了材质的几何体不会受影响，这样可以大大提高赋予材质的效率。当组被炸开以后，此特性就无法应用了。

5.2.2 课堂讲解

1. 创建群组

执行【创建群组】命令主要有以下几种方式：

> ● 在【菜单栏】中，选择【编辑】|【创建组】菜单命令。
> ● 右键菜单中选择【创建群组】命令。

选中要创建为组的物体，选择【编辑】|【创建组】菜单命令。组创建完成后，外侧会出现高亮显示的边界框，创建群组前后的效果如图 5-4 和图 5-5 所示。

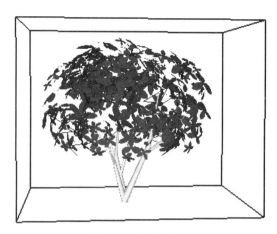

图 5-4　创建组之前　　　　　　　　　　　　　　　图 5-5　创建组之后

2．编辑群组

执行【编辑组】命令主要有以下几种方式：

- 双击组进入组内部编辑。
- 右键菜单中选择【编辑组】命令。

创建的组可以被分解，分解后组将恢复到成组之前的状态，同时组内的几何体会和外部相连的几何体结合，并且嵌套在组内的组则会变成独立的组。当需要编辑组内部的几何体时，就需要进入组的内部进行操作。在组上双击鼠标左键，或者用鼠标右键单击，在弹出的快捷菜单中选择【编辑组】命令，即可进入组进行编辑。

SketchUp 组件比组更加占用内存。SketchUp 中如果整个模型都细致地进行了分组，那么可以随时炸开某个组，而不会与其他几何体粘在一起。

名师点拨

5.2.3　课堂练习——绘制窗模型

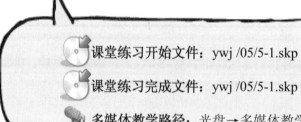

课堂练习开始文件：ywj /05/5-1.skp

课堂练习完成文件：ywj /05/5-1.skp

多媒体教学路径：光盘→多媒体教学→第 5 章→第 2 节练习

Step1 新建文件，绘制矩形，如图 5-6 所示。

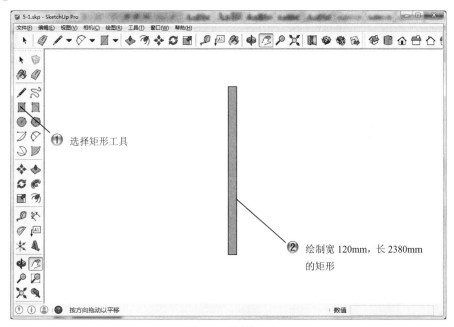

图 5-6　绘制矩形

Step2 推拉矩形，如图 5-7 所示。

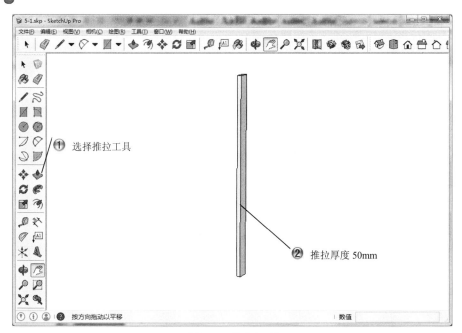

图 5-7　推拉矩形

Step3 将模型创建为群组，如图 5-8 所示。

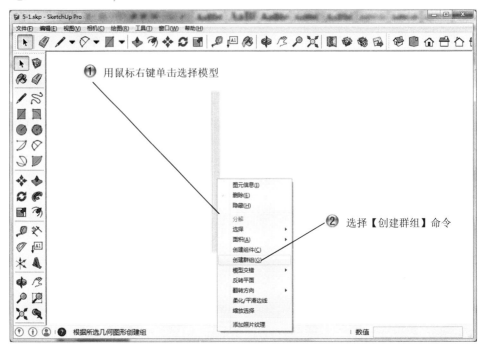

图 5-8 创建群组

Step4 复制多个模型，如图 5-9 所示。

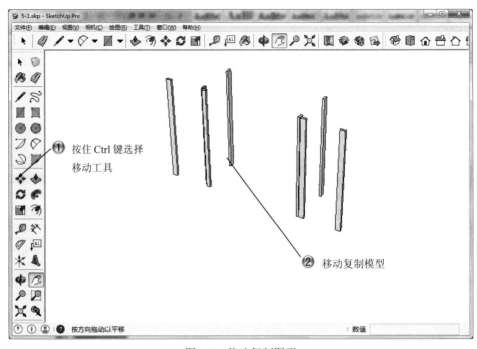

图 5-9 移动复制图形

Step5 绘制出窗户线条，如图 5-10 所示。

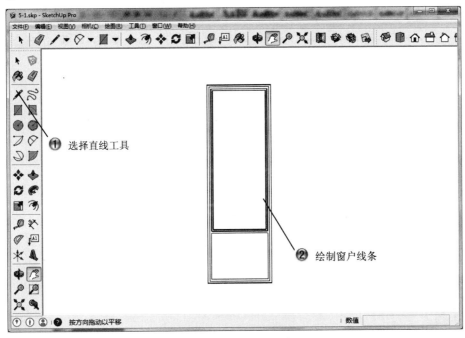

图 5-10　绘制窗户线条

Step6 推拉图形，并创建为群组，如图 5-11 所示。

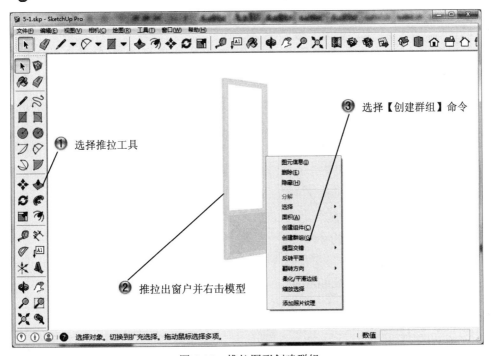

图 5-11　推拉图形创建群组

Step7 绘制出窗框内部及顶部结构轮廓，如图 5-12 所示。

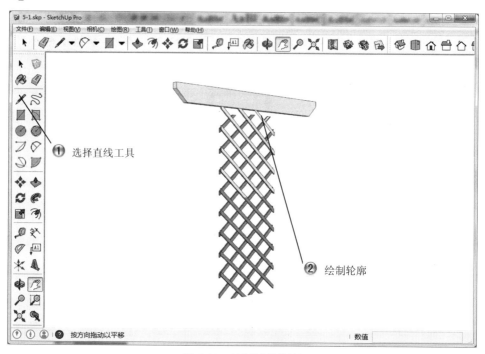

图 5-12　绘制线条轮廓

Step8 推拉图形，并创建为群组， 如图 5-13 所示。

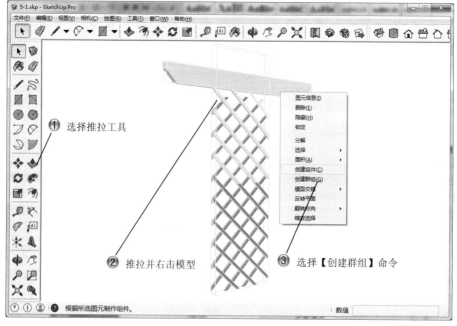

图 5-13　推拉图形

Step9 移动复制模型后，添加材质，完成范例模型绘制，最终效果如图 5-14 所示。

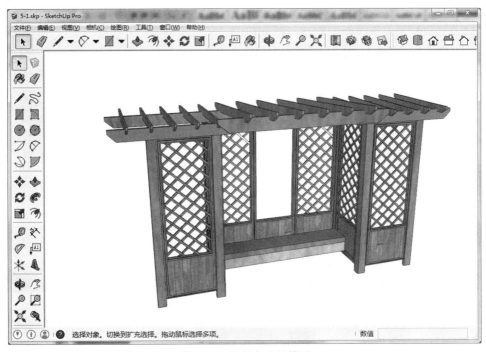

图 5-14　绘制完成的模型

5.3　制作和编辑组件

 基本概念

组件是将一个或多个几何体的集合定义为一个单位，使之可以像一个物体那样进行操作。组件可以是简单的一条线，也可以是整个模型，尺寸和范围也没有限制。组件与组类似，但多个相同的组件之间具有关联性，可以进行批量操作，在与其他用户或其他 SketchUp 组件之间共享数据时也更为方便，本节就主要来介绍组件操作的具体方法。

课堂讲解课时：2 课时

 5.3.1　设计理论

组件的优势有以下 6 点：

（1）【独立性】：组件可以是独立的物体，小至一条线，大至住宅、公共建筑，包括附着于表面的物体，例如门窗、装饰构架等。

（2）【关联性】：对一个组件进行编辑时，与其关联的组件将会同步更新。

（3）【附带组件库】：SketchUp 附带一系列预设组件库，并且还支持自建组件库，只需将自建的模型定义为组件，并保存到安装目录的 Components 文件夹中即可。在【系统设置】对话框的【文件】选项中，可以查看组件库的位置，如图 5-15 所示。

（4）【与其他文件链接】：组件除了存在于创建他们的文件中，还可以导出到别的 Sketch Up 文件中。

（5）【组件替换】：组件可以被其他文件中的组件替换，以满足不同精度的建模和渲染要求。

（6）【特殊的行为对齐】：组件可以对齐到不同的表面上，并且在附着的表面上挖洞开口。组件还拥有自己内部的坐标系。

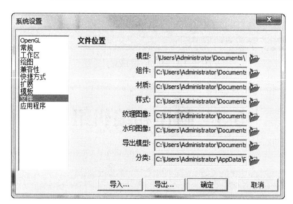

图 5-15　创建组之前

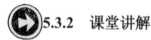 **5.3.2　课堂讲解**

1. 创建组件

执行【创建组件】命令主要有以下几种方式：

- 在【菜单栏】中，选择【编辑】|【创建组件】菜单命令。
- 直接键盘输入 G 键。
- 右键菜单中选择【创建组件】命令。

组件是将一个或多个几何体的集合定义为一个单位，使之可以像一个物体那样进行操作。组件可以是简单的一条线，也可以是整个模型，尺寸和范围也没有限制。

组件与组类似，但多个相同的组件之间具有关联性，可以进行批量操作，在与其他用户或其他 SketchUp 组件之间共享数据时也更为方便。

> 灵活运用组件可以节省绘图时间提升效率。
>
> 名师点拨

2. 编辑组件

执行【编辑组件】命令主要有以下几种方式：

- 双击组件进入组件内部编辑。
- 右键菜单中选择【编辑组件】命令。

创建组件后，组件中的物体会被包含在组件中而与模型的其他物体分离。SketchUp 支持对组件中的物体进行编辑，这样可以避免炸开组件进行编辑后再重新制作组件。

如果要对组件进行编辑，最常用的是双击组件进入组件内部编辑，当然还有很多其他编辑方法，下面进行详细介绍。

> SketchUp 中所有复制的组件和原组件都会自动跟着改变的。这是 SKE 非常有用的功能。
>
> 名师点拨

3. 插入组件

执行【插入组件】命令主要有以下几种方式：

- 在【菜单栏】中，选择【窗口】|【组件】菜单命令。
- 在【菜单栏】中，选择【文件】|【导入】菜单命令。

在 SketchUp 2015 中自带了一些二维人物组件。这些人物组件可随视线转动面向相机，如果想使用这些组件，直接将其拖曳到绘图区即可，如图 5-16 所示。

图 5-16　添加二维人物

当组件被插入到当前模型中时，SketchUp 会自动激活【移动/复制】工具，并自动捕捉组件坐标的原点，组件将其内部坐标原点作为默认的插入点。

若要改变默认的插入点，必须在组件插入之前更改其内部坐标系。如图 5-17 所示。

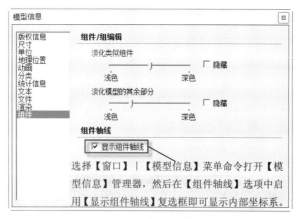

图 5-17　显示组件轴

其实在安装完 SketchUp 后，就已经有了一些这样的素材。SketchUp 安装文件并没有附带全部的官方组件，可以登录官方网站中：http：//sketchup.google.com/3dwarehouse/下载全部的组件安装文件（注意，官方网站上的组件是不断更新和增加的，需要及时下载更新）。

另外，还可以在官方论坛网站：http：// www.sketchupbbs.com 下载更多的组件，充实自己的 SketchUp 配景库。

名师点拨

SketchUp 中的配景也是通过插入组件的方式放置的，这些配景组件可以从外部获得，也可以自己制作。人、车、树配景可以是二维组件物体，也可以是三维组件物体。

名师点拨

4. 动态组件

执行【动态组件】命令主要有以下几种方式：

- 双击组进入组内部编辑。
- 右键菜单中选择【编辑组件】命令。

动态组件（Dynamic Components）使用起来非常方便，在制作楼梯、门窗、地板、玻璃幕墙、篱笆栅栏等方面应用较为广泛，例如当你缩放一扇带边框的门窗时，由于事先固定了门（窗）框尺寸，就可以实现门（窗）框尺寸不变，而门（窗）整体尺寸变化。读者也可登录 Google 3D 模型库，下载所需动态组件。

总结这些组件的属性并加以分析，可以发现动态组件包含以下方面的特征：

固定某个构件的参数（尺寸、位置等），复制某个构件，调整某个构件的参数，调整某个构件的活动性等。具备以上一种或多种属性的组件即可被称为动态组件。

5.3.3　课堂练习——绘制架子模型

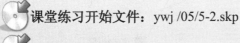

　课堂练习开始文件：ywj /05/5-2.skp

　课堂练习完成文件：ywj /05/5-2.skp

　多媒体教学路径：光盘→多媒体教学→第 5 章→第 3 节练习

Step1 新建文件,绘制柱子线条轮廓,如图 5-18 所示。

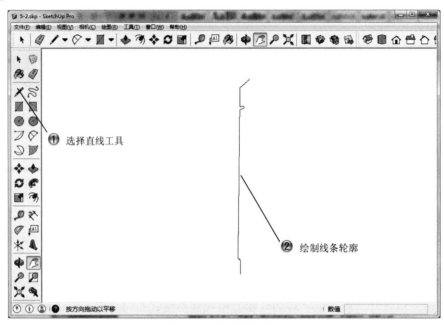

图 5-18　绘制线条轮廓

Step2 绘制矩形路径,如图 5-19 所示。

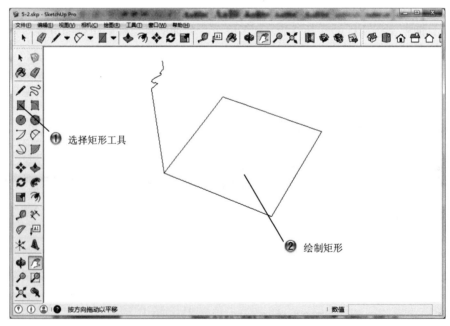

图 5-19　绘制矩形

Step3 绘制柱子，如图 5-20 所示。

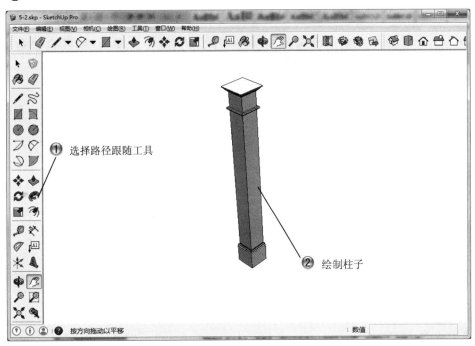

图 5-20　绘制柱子

Step4 绘制廊架的顶部轮廓，如图 5-21 所示。

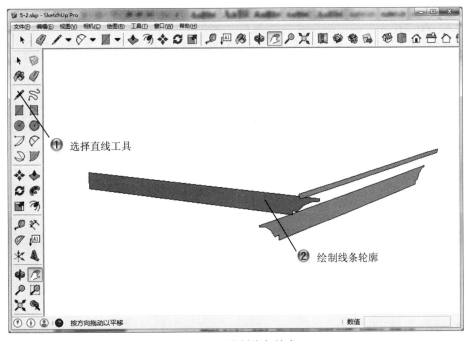

图 5-21　绘制线条轮廓

!Step5 选择模型，将模型创建为组件，如图 5-22 所示。

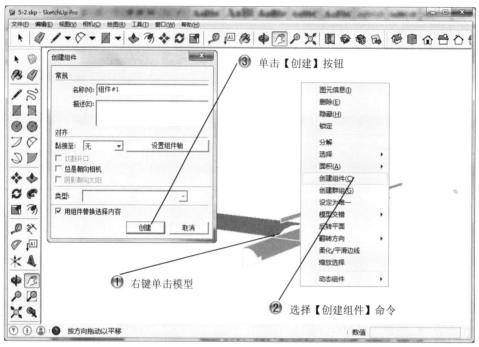

图 5-22　将模型创建为组件

!Step6 移动复制模型，如图 5-23 所示。

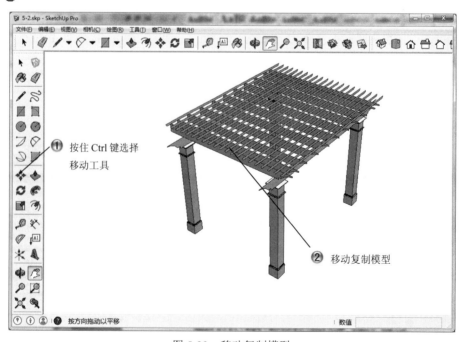

图 5-23　移动复制模型

Step7 推拉图形并赋予模型材质，完成范例模型绘制，最终效果如图 5-24 所示。

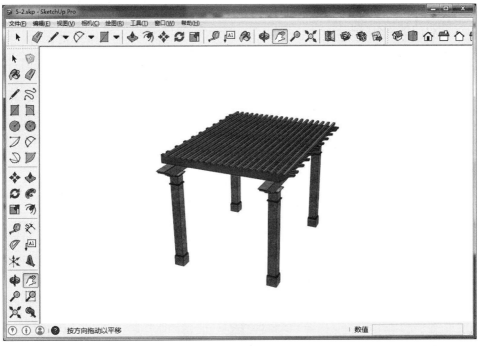

图 5-24　完成模型绘制

5.4　专家总结

本章学习了 SketchUp 中图层、群组和组件的管理功能，使绘制图形更加分类清晰，用户之间还可以通过组或组件进行资源共享，在修改图形的时候也更加得心应手。

5.5　课后习题

5.5.1　填空题

（1）群组是一些点、线、面或者实体的集合，与组件的区别在于没有_____和_____的特性。

（2）组件可以是简单的一条线，也可以是整个模型，_____和_____也没有限制。

5.5.2 问答题

（1）群组的优势有哪些？
（2）组件的优势有哪些？
（3）动态组件的特征？

5.5.3 上机操作题

如图 5-25 所示，使用本章学过的命令来创建景观亭建筑模型。
一般创建步骤和方法：
（1）绘制亭子底座。
（2）绘制亭子柱子并形成组件。
（3）绘制亭子屋脊。
（4）完成整个亭子效果。

图 5-25 景观亭建筑模型

第6章　页面和动画设计

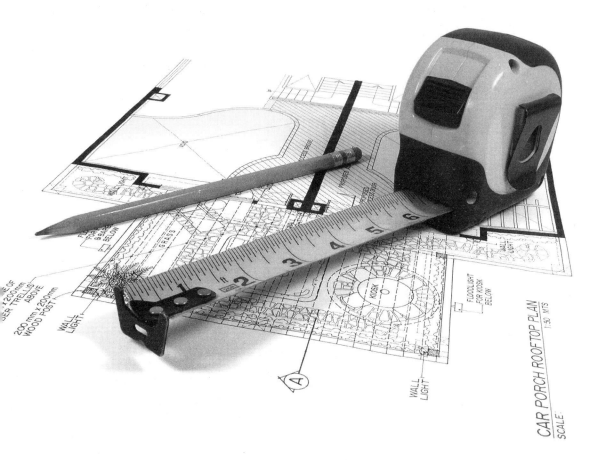

	内　容	掌握程度	课　时
课训目标	页面设计	熟练运用	2
	动画设计	熟练运用	2
	编辑动画	熟练运用	2

课程学习建议

　　一般在设计方案初步确定以后，我们会以不同的角度或属性设置不同的储存场景，通过【场景】标签的选择，可以方便地进行多个场景视图的切换，方便对方案进行多角度对比。另外，通过场景的设置可以批量导出图片。另外，SketchUp 还可以制作展示动画，并结合【阴影】或【剖切面】制作出生动有趣的光影动画和生长动画，为实现【动态设计】提供了条件。

　　本章将系统介绍方案设计后期中的页面设计、场景的设置，以及动画的制作等有关内容。其培训课程表如下。

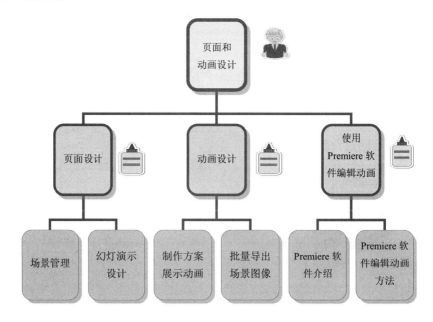

6.1　页面设计

基本概念

　　在 SketchUp 设计中，选择适合的角度透视效果，作为一个页面（一张图片）。要出另外一个角度的透视效果时，需要添加新的页面。在对每一个页面如果做出角度或者阴影等的调整后产生新的效果时候，应该对其进行"页面更新"，否则此页面将不会在该页面中保存所做的相应改动。因此，摄像机角度在页面设计中很重要。

SketchUp 中场景的功能主要用于保存视图和创建动画，场景可以存储显示设置、图层设置、阴影和视图等，通过绘图窗口上方的场景标签可以快速切换场景显示。SketchUp 2016 包含了场景缩略图功能，用户可以在【场景】管理器中进行直观的浏览和选择。

通过【场景】标签的选择，可以方便地进行多个场景视图的切换，方便对方案进行多角度对比。

6.1.2 课堂讲解

1. 执行【场景】管理器命令方式为：

在【菜单栏】中，选择【窗口】｜【场景】菜单命令，如图 6-1 所示。

图 6-1 【窗口】|【场景】菜单命令

选择【窗口】｜【场景】菜单命令即可打开【场景】管理器，通过【场景】管理器可以添加和删除场景，也可以对场景进行属性修改，如图 6-2 所示。

【向下移动场景】按钮

/ 【向上移动场景】

【删除场景】按扭 ⊖：单
击该按钮将删除选择的场
景，也可以在场景标签上
用鼠标右键单击，然后在
弹出的菜单中执行【删除】
命令进行删除。

按钮 ：这两个按钮用
于移动场景的前后位置，
也可以在场景标签上用
鼠标右键单击，然后在弹
出的快捷菜单中选择【左
移】或者【右移】命令。

【添加场景】按钮 ⊕：单
击该按钮将在当前相机设
置下添加一个新的场景。

【查看选项】按钮 ：
单击此按钮可以改变场
景视图的显示方式，如图
6-3 所示。

【更新场景】按钮 ：如果
对场景进行了改变，则需要单
击该按钮进行更新，也可以在
场景标签上用鼠标右键单击，
然后在弹出的快捷菜单中选
择【更新】命令。

【隐藏/显示详细信息】

按钮 ：每一个场景都

包含了很多属性设置，如
图 6-5 所示。单击该按钮
即可显示或者隐藏这些
属性。

SketchUp 2015 的【场景】管理器包含
了场景缩略图，可以直观显示场景视
图，使查找场景变得更加方便，也可
以用鼠标右键单击缩略图进行场景的
添加和更新等操作，如图 6-4 所示。

图 6-2　【场景】管理器

在缩略图右下角有一个铅笔的场景，
表示为当前场景。在场景数量多并且
难以快速准确找到所需场景的情况
下，这项新增功能显得非常重要。

图 6-3　查看选项

图 6-4　右键菜单

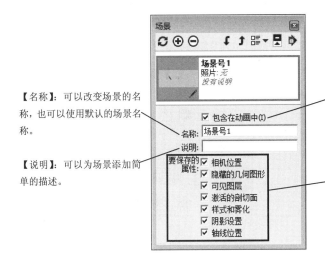

【名称】：可以改变场景的名称，也可以使用默认的场景名称。

【说明】：可以为场景添加简单的描述。

【包含在动画中】：当动画被激活以后，启用该复选框则场景会连续显示在动画中。如果禁用此复选框，则播放动画时会自动跳过该场景。

【要保存的属性】：包含了很多属性选项，选中则记录相关属性的变化，不选则不记录。在不选的情况下，当前上场景的这个属性会延续上一个场景的特征。例如禁用【阴影设置】复选框，那么从前一个场景切换到当前场景时，阴影将停留在前一个场景的阴影状态下；同时，当前场景的阴影状态将被自动取消。如果需要恢复，就必须再次启用【阴影设置】复选框，并重新设置阴影，还需要再次刷新。

图 6-5　显示详细信息

单击绘图窗口左上方的场景标签可以快速切换所记录的视图窗口。用鼠标右键单击场景标签也能弹出【场景】管理命令，可对场景进行【更新】、【添加】或【删除】等操作，如图 6-6 所示。

在创建场景时，会弹出【警告】对话框，如图 6-7 所示，提示对场景进行保存。

图 6-6　右键菜单

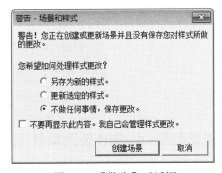

图 6-7　【警告】对话框

在某个页面中增加或删除几何体会影响到整个模型，其他页面也会相应增加或删除。而每个页面的显示属性却都是独立的。

名师点拨

2. 幻灯片演示

执行【播放】命令的主要方式如下。

在【菜单栏】中，选择【视图】|【动画】|【播放】菜单命令，如图 6-8 所示。

图 6-8　【视图】|【动画】|【播放】菜单命令

首先设定一系列不同视角的场景，并尽量使得相邻场景之间的视角与视距不要相差太远，数量也不宜太多，只需选择能充分表达设计意图的代表性场景即可。

然后选择【视图】|【动画】|【播放】菜单命令可以打开【动画】对话框，单击【播放】按钮即可播放场景的展示动画，单击【停止】按钮即可暂停动画的播放，如图 6-9 所示。

图 6-9　【动画】对话框

6.1.3　课堂练习——制作公园场景页面

课堂练习开始文件：ywj /06/6-1.skp

课堂练习完成文件：ywj /06/6-1.skp

多媒体教学路径：光盘→多媒体教学→第 6 章→第 1 节练习

Step1 打开文件，如图 6-10 所示。

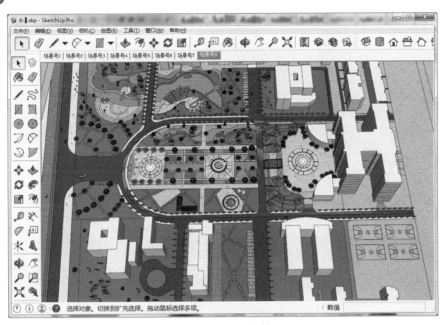

图 6-10　打开文件

Step2 设置场景号 1，如图 6-11 所示。

① 选择【场景】菜单命令

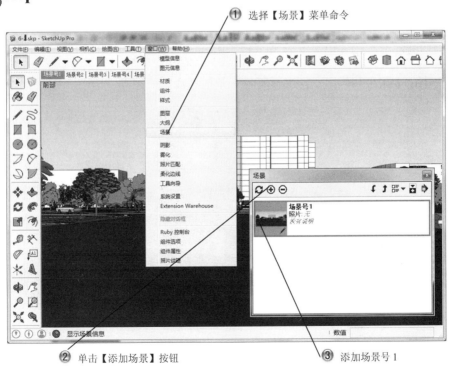

② 单击【添加场景】按钮　　　③ 添加场景号 1

图 6-11　添加场景号 1

！Step3 调整视图，添加场景号 2，如图 6-12 所示。

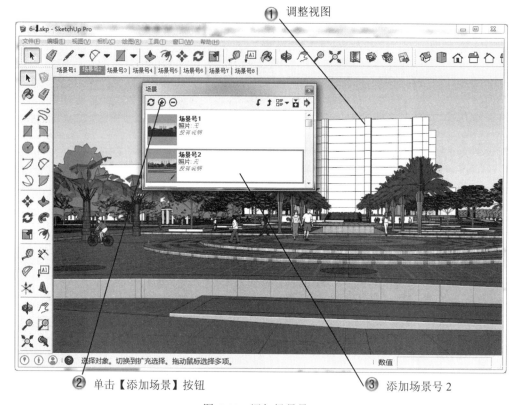

图 6-12　添加场景号 2

！Step4 采用相同方法，完成其他场景的添加，如图 6-13 至图 6-18 所示。

图 6-13　添加场景号 3

图 6-14　添加场景号 4

图 6-15　添加场景号 5

图 6-16　添加场景号 6

图 6-17　添加场景号 7

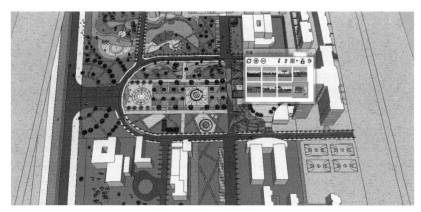

图 6-18　添加场景号 8

Step5 将场景导出为动画，如图 6-19 所示。

① 选择【视频】菜单命令

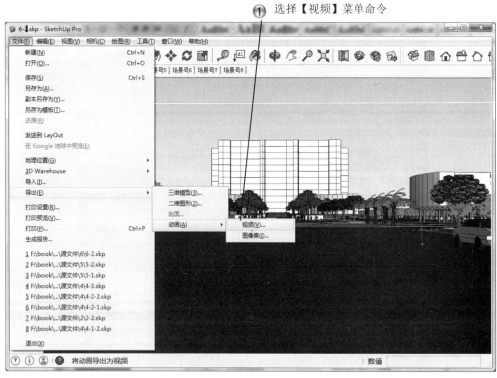

图 6-19　选择菜单命令

Step6 设置视频参数，如图 6-20 所示。

② 设置【动画导出选项】参数　　　③ 单击【确定】按钮

① 输入名称后，单击【选项】按钮

图 6-20　设置视频参数

Step7 此时导出动画文件，导出进程表如图 6-21 所示。

导出进程表

图 6-21　正在导出动画

！Step8 这样就完成范例制作，最终动画页面效果，如图 6-22 所示。

动画效果 1

动画效果 2

动画效果 3

动画效果 4

图 6-22　导出的动画效果

6.2　动画设计

基本概念

　　对于简单的模型，采用幻灯片播放能保持平滑动态显示，但在处理复杂模型的时候，如果仍要保持画面流畅就需要导出动画文件了。

课堂讲解课时：2 课时

6.2.1　设计理论

采用幻灯片播放时，每秒显示的帧数取决于计算机的即时运算能力，而导出视频文件的话，SketchUp 会使用额外的时间来渲染更多的帧，以保证画面的流畅播放，导出视频文件需要更多的时间。

6.2.2　课堂讲解

下面来介绍制作展示动画的方法。

1. 导出 AVI 格式的动画器

执行【视频】命令方式如下。

在【菜单栏】中，选择【文件】|【导出】|【动画】|【视频】菜单命令。

想要导出动画文件，只需选择【文件】|【导出】|【动画】|【视频】菜单命令，然后在弹出的【输出动画】对话框中设定导出格式为（*.mp4 格式），如图 6-23 所示，接着对导出选项进行设置即可，如图 6-24【动画导出选项】对话框所示。

图 6-23　【输出动画】对话框

桢尺寸（宽×长）：这两个选项的数值用于控制每帧画面的尺寸，以像素为单位。一般情况下，帧画面尺寸设为 400 像素×300 像素或者 320 像素×240 像素即可。如果是 640 像素×480 像素的视频文件，那就可以全屏播放了。对视频而言，人脑在一定时间内对于信息量的处理能力是有限的，其运动连贯性比静态图像的细节更重要。所以，可以从模型中分别提取高分辨率的图像和较小帧画面尺寸的视频，既可以展示细节，又可以动态展示空间关系。如果是用 DVD 播放，画面的宽度需要 720 像素。电视机、大多数计算机屏幕和 1950 年前电影的标准比例是 4：3，宽银屏显示（包括数字电视、等离子电视等）的标准比例是 16：9。

【帧速率】：帧速率指每秒产生的帧画面数。帧速率与渲染时间以及视频文件大小呈正比，帧速率值越大，渲染所花费的时间以及输出后的视频文件就越大。帧速率设置为 3-10 帧/每秒是画面连续的最低要求；12—15 帧/每秒既可以控制文件的大小，也可以保证流畅播放；24—30 帧/每秒之间的设置就相当于【全速】播放了。当然，还可以设置 5 帧/每秒来渲染一个粗糙的试动画来预览效果，这样能节约大量时间，并且发现一些潜在的问题，例如高宽比不对、照相机穿墙等。

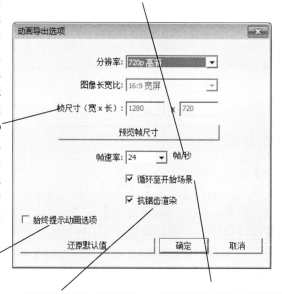

【始终提示动画选项】：在创建视频文件之前总是先显示这个选项对话框。

【抗锯齿渲染】：启用该复选框后，SketchUp 会对导出的图像作平滑处理。需要更多的导出时间，但是可以减少图像中的线条锯齿。

【循环至开始场景】：启用该复选框可以从最后一个场景倒退到第一个场景，创建无限循环的动画。导出 AVI 文件时，禁用此复选框即可让动画停到最后位置。

图 6-24　【动画导出选项】对话框

　　一些程序或设备要求特定的帧速率，例如一些国家的电视要求帧速率为 29.97 帧/每秒；欧洲的电视要求为 25 帧/每秒，电影需要 24 帧/每秒；我国的电视要求为 25 帧/每秒等。

 名师点拨

SketchUp 有时候无法导出 AVI 文件，建议在建模时使用英文名的材质，文件也保存为一个英文名或者拼音，保存路径最好不要设置在中文名称的文件夹内（包括【桌面】也不行），而是新建一个英文名称的文件夹，然后保存在某个盘的根目录下。

名师点拨

　　2. 制作方案展示动画

　　执行【视频】命令方式如下。

　　在【菜单栏】中，选择【文件】|【导出】|【动画】|【视频】菜单命令。

　　除了前文所讲述的直接将多个场景导出为动画以外，我们还可以将 SketchUp 的动画功能与其他功能结合起来生成动画。

　　此外，还可以将【剖切】功能与【场景】功能结合生成【剖切生长】动画。另外，还可以结合 SketchUp 的【阴影设置】和【场景】功能生成阴影动画，为模型带来阴影变化的视觉效果。

　　3. 批量导出场景图像

　　执行【图像集】命令方式如下。

　　在【菜单栏】中，选择【文件】|【导出】|【动画】|【图像集】菜单命令。

　　当场景设置过多的时候，就需要批量导出图像，这样可以避免在场景之间进行繁琐的切换，并能节省大量的出图等待时间。

　6.2.3　课堂练习——制作商场场景动画

　课堂练习开始文件： ywj /06/6-2.skp

　课堂练习完成文件： ywj /06/6-2.skp

　多媒体教学路径： 光盘→多媒体教学→第 6 章→第 2 节练习

Step1 打开 6-2.skp 图形文件，在其中已经设置好了多个场景，选择导出视频命令，如图 6-25 所示。

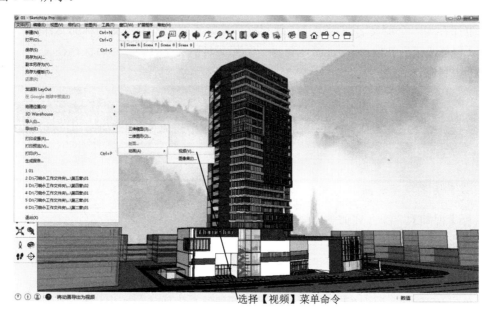

图 6-25　打开文件

Step2 设置动画输出参数，如图 6-26 所示。

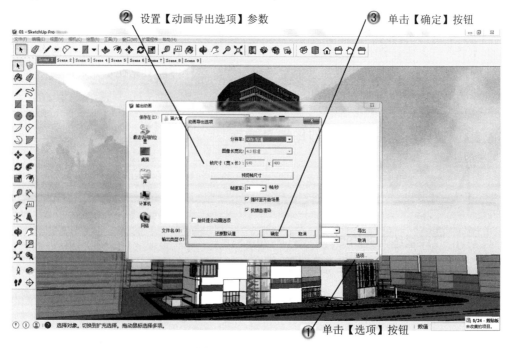

图 6-26　动画导出选项

Step3 此时导出进程表如图 6-27 所示，导出动画截图如图 6-28 所示。

图 6-27　正在导出动画

图 6-28　动画截图

!**Step4** 设置模型信息的【动画】选项，如图 6-29 所示。

① 选择【动画】选项　　　　　② 设置场景转换和场景暂停参数

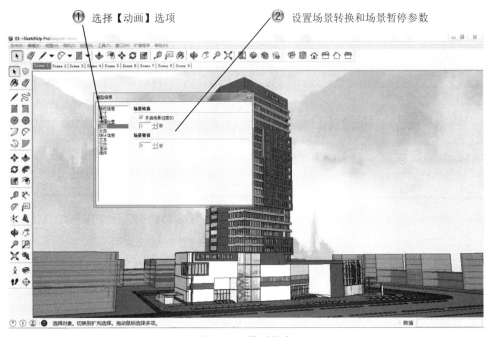

图 6-29　模型信息

!**Step5** 选择导出图像集命令，如图 6-30 所示。

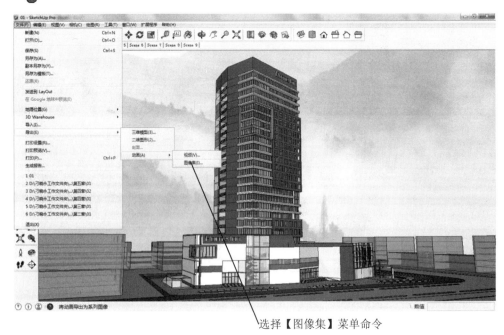

选择【图像集】菜单命令

图 6-30　图像集命令

Step6 设置输出图像集动画导出参数，如图 6-31 所示。

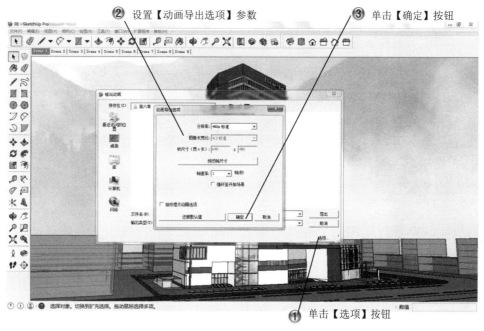

图 6-31　输出动画

Step7 此时开始导出动画，如图 6-32 所示。批量导出的图片，如图 6-33 所示。

图 6-32　正在导出动画

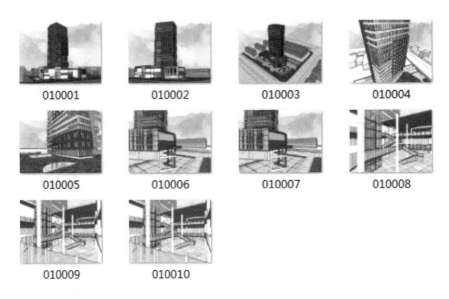

图 6-33　输出的图片

Step8 设置阴影，如图 6-34 所示。

① 选择【阴影】菜单命令　　　　② 设置阴影参数

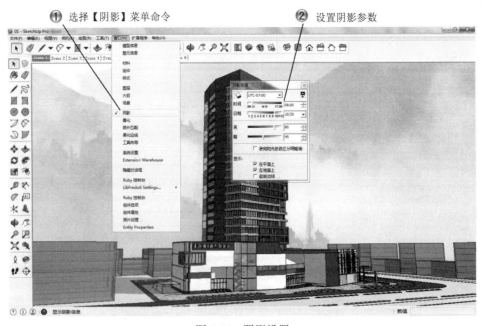

图 6-34　阴影设置

Step9 打开【场景】对话框，如图 6-35 所示。

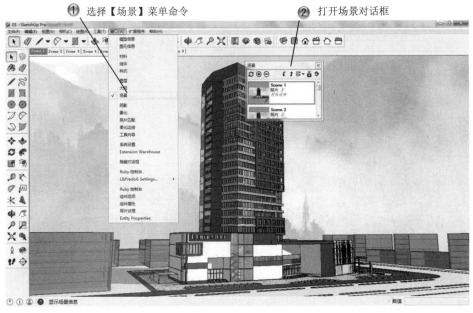

图 6-35　场景对话框

Step10 创建新的【场景号 1】，如图 6-36 所示。

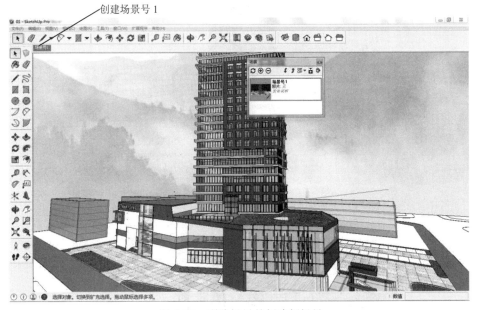

图 6-36　删除场景并创建新场景

Step11 设置阴影参数，创建一个新的场景 2，如图 6-37 所示。

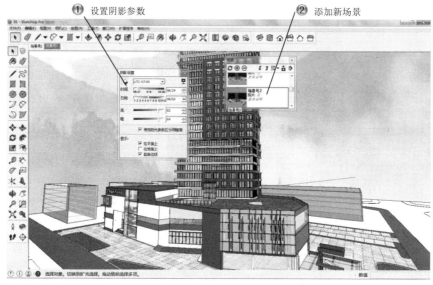

图 6-37　创建新的阴影场景 2

Step12 按照前面方法导出动画，完成范例制作，最终效果如图 6-38 所示。

播放效果 1

播放效果 2

图 6-38　动画播放效果

播放效果 3

图 6-38　动画播放效果（续）

6.3　使用 Premiere 软件编辑动画

基本概念

在导出动画文件后，通常需要进行一定的编辑，使动画看上去效果更好。这里介绍使用 Premiere 编辑动画的方法。

课堂讲解课时：2 课时

6.3.1　设计理论

打开 Premiere 软件，会弹出一个【欢迎使用 Adobe Premiere Pro】对话框，在该对话框中单击【新建项目】选项，如图 6-39 所示，然后在弹出的欢迎对话框中设置好文件的保存路径和名称，如图 6-40 所示，完成设置后单击【确定】按钮。

图 6-39　欢迎对话框

图 6-40　新建项目

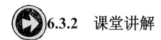 **6.3.2　课堂讲解**

1. 设置预设方案

选择一种设置后，单击【新建项目】对话框【确定】按钮即可启动 Premiere 软件。Premiere
软件的主界面包括【工程窗口】、【监视器窗口】、【时间轴】、【过渡窗口】等，如图 6-41 所示。

用户可以根据需要调整窗口的位置或关闭窗口，也可以通过【窗口】菜单打开更多的窗口。

图 6-41　Premiere 工作窗口

2. 将 AVI 文件导入 Premiere

选择【文件】|【导入】菜单命令（快捷键为 Ctrl+I 组合键），打开【导入】对话框，然后选择需要导入的 AVI 文件将其导入，如图 6-42 所示。

图 6-42　【导入】对话框

导入文件后，在【工程】窗口中单击【清除】按钮可以将文件删除。双击【名称】标签下的空白处，可以导入新的文件。

导入工程窗口中的 AVI 素材可以直接拖曳至时间轴上，拖曳时鼠标显示为 ⊙。也可以直接将视频素材拖入监视器窗口的源素材预演区。拖至时间轴上的时候，鼠标会显示为 🖐，这时候左下角状态栏中提示"拖入轨道进行覆盖"，按住 Ctrl 键可启用插入，按住 Alt 键可替换素材。很多时候状态栏中的提示可以帮助大家尽快熟悉操作界面。在拖曳素材之前，可以激活【吸附】按钮 ⧉（快捷键为 S 键），将素材准确地吸附到前一个素材之后。

每个独立的视频素材及声音素材都可放在监视器窗口中进行播放。通过相应的控制按钮，可以随意倒带、前进、播放、停止、循环，或者播放选定的区域，如图 6-43 所示。

图 6-43　控制按钮

为了在后面的编辑中便于控制素材，可以在动画播放过程中对一些关键帧作标记。方法是单击【设置标记】按钮 ▼，可以设置多个标记点。以后当需要定位到某个标记点时，可以在时间轴窗口中自由拖动【标记图标】🔲 位置，还可以用鼠标右键单击【标记图标】🔲，然后在弹出的快捷菜单中进行设置，如图 6-44 所示。

图 6-44　右键菜单

对已经进入时间轴的素材，可以直接在时间轴中双击素材画面，该素材就会在效果窗口中的【素材源】标签下被打开。

3. 在时间轴上衔接

在 Premiere 软件的众多的窗口中，居核心地位的是时间轴窗口，在这里可以将片段性的视频、静止的图像、声音等组合起来，并能创作各种特技效果，如图 6-45 所示。

时间轴包括多个通道，用来组合视频（或图像）和声音。默认的视频通道包括【视频 1】、【视频 2】和【视频 3】，音频通道包括【音频 1】、【音频 2】和【音频 3】。如需增减通道数，可在通道上用鼠标右键单击，然后在弹出的快捷菜单中选择【添加或删除】轨道命令即可。

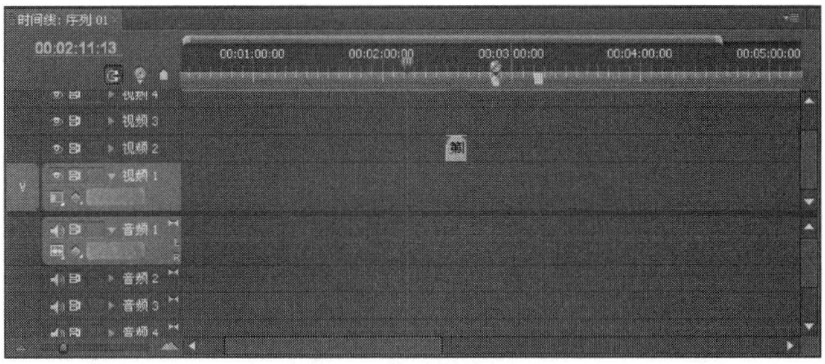

图 6-45　时间轴窗口

将【工程】窗口中的素材或者文件夹直接拖到时间轴的通道上后，系统会自动根据拖入的文件类型将文件装配到相应的视频或音频通道，其顺序为素材在工程窗口中的排列顺序。改变素材在时间轴的位置，只要沿通道拖曳即可，还可以在时间轴的不同通道之间转移素材，但需要注意的是，出现在上层的视频或图像可能会遮盖下层的视频或图像。

将两段素材首尾相连，就能实现画面的无缝拼接。若两段素材之间有空隙，则空隙会显示为黑屏。要在两段视频之间建立过渡连接，只需在【效果】选项面板中选择某种特技效果，拖入素材之间即可，如图 6-46 所示。

图 6-46　【效果】选项面板

如果需要删除时间轴上的某段素材，只需用鼠标右键单击该素材，然后弹出的快捷菜单中选择【清除】命令即可，在时间轴中可剪断一段素材。方法是在右下角工具栏中选择【剃刀】工具，然后在需要剪断的位置单击，此时素材即被切为两段。被分开的两段素材彼此不再相关，可以对他们分别进行清除、位移、特效处理等操作。时间轴的素材剪断后，不会影响到项目窗口中原有的素材文件。

在时间轴标尺上还有一个可以移动的【时间滑块】，时间滑块下方一条竖线横贯整个时间轴。位于时间滑块上的素材会在【监示器】窗口中显示，可以通过拖曳时间滑块来查寻及预览素材。

当时间轴上的素材过多时，可以将【素材显示大小】滑块向左移动，使素材缩小显示。

时间轴标尺的上方有一栏黄色的滑动条，这是电影工作区，可以拖曳两端的滑块来改变其长度和位置。在进行合成的时候，只有工作区内的素材才会被合成，如图 6-47 所示。

图 6-47　时间轴

4. 制作过渡特效

一段视频结束，另一段视频紧接着开始，这就是所谓的电影镜头切换。为了使切换衔接的更加自然或有趣，可以使用各种过渡特效。

（1）效果面板

在界面的左下角，显示【效果】选项面板，在【效果】选项面板中，可以看到详细分类的文件夹。单击任意一个扩展标志，则会显示一组不同的过渡效果，如图 6-48 所示。

图 6-48　【效果】选项面板

（2）在时间轴上添加过渡

选择一种过渡效果并将其拖放到时间轴的【特效】通道中，Premiere 软件会自动确定过渡长度以匹配过渡部分，如图 6-49 所示。

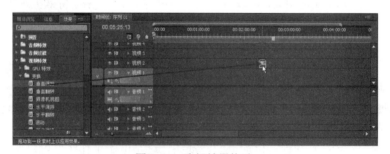

图 6-49　选择效果拖动

（3）过渡特技属性设置

在时间轴上双击【特效】通道的过渡显示区，在【特效控制台】中就会出现相应的属性编辑面板，如图 6-50 所示。

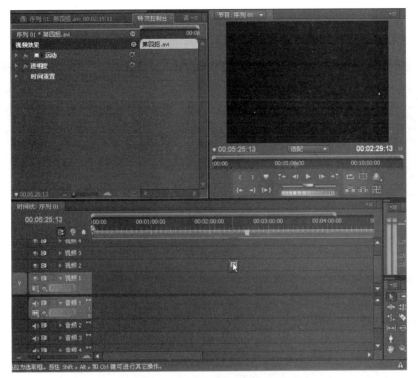

图 6-50 过渡特技属性设置

有的时候过渡通道区较短，不容易找到，可以单击【放大】按钮（快捷键为=键）以放大素材及特效通道的显示。在特效控制台中可以通过拖曳特效通道的位置回来控制特效插入的时间长短，还可以拖拉尾部进行特效的裁剪。

名师点拨

5. 动态滤镜

使用过 Photoshop 软件的人不会对滤镜感到陌生，通过各种滤镜可以为原始图片添加各种特效。在 Premiere 软件中同样也能使用各种视频和声音滤镜，其中视屏滤镜能产生动态的扭曲、模糊、风吹、幻影等特效，以增强影片的吸引力。

在左下角的【效果】选项面板中，单击【视频效果】文件夹，可看到更为详细分类的视频特效文件夹，如图 6-51 所示。

在此以制作【镜头光晕】特效为例，在【视频效果】文件夹中打开【生成】子文件夹，然后找到【镜头光晕】文件，并将其拖放到时间轴的素材上，此时在【特效控制台】中将出现【镜头光晕】特效的参数设置栏。

在【镜头光晕】标签下，用户可以设定点光源的位置、光线强度，可以通过拖曳滑块（单击左侧按钮即可看到）或者直接输入数值来调节相关参数，如图 6-52 所示。

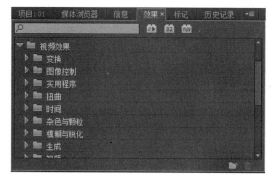

图 6-51　视频效果

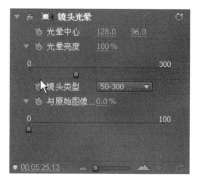

图 6-52　镜头光晕

通过了解光晕的特效处理，读者不妨尝试一下其他的视频特效效果。多种特效可以重复叠加，可以在特效名称上进行拖曳改变上下顺序，也可以用鼠标右键单击，然后在弹出的快捷菜单中进行某些特效的清除等操作，如图 6-53 所示。

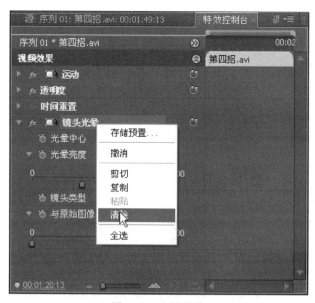

图 6-53　右键菜单

6. 编辑声音

声音是动画不可缺少的部分。尽管 Premiere 并不是专门用于处理音频素材的软件，但还是可以制作出淡入、淡出等音频效果，也可以通过软件本身提供的大量的滤镜制作一些声音特效。下面就为大家简单讲解声音特效的制作方法。

（1）调入一段音频素材，并将其拖到时间轴的【音频 1】通道上，如图 6-54 所示。

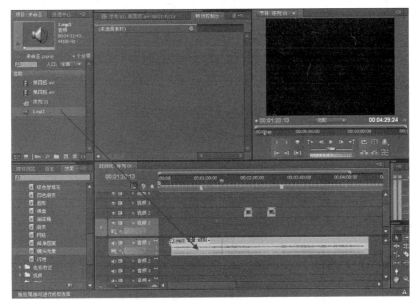

图 6-54　拖动音频

（2）使用【剃刀】工具 （快捷键为 C 键）将多余的音频部分删除，如图 6-55 所示。

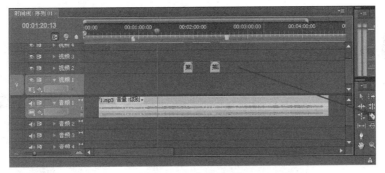

图 6-55　修剪音频

（3）添加音频滤镜，方法与添加视频滤镜相似。音频通道的使用方法与视频通道大体上相似，如图 6-56 所示。

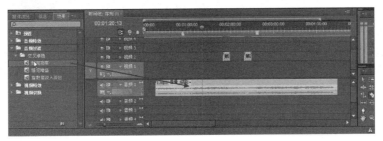

图 6-56　音频特效

7. 添加字幕

（1）选择【字幕】|【新建字幕】|【默认静态字幕】菜单命令，打开【新建字幕】对话框，如图 6-57 所示。

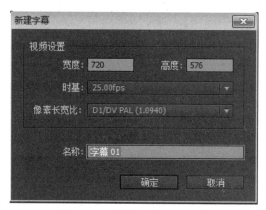

图 6-57 【新建字幕】对话框

（2）在【字幕】工具栏中激活【文字】工具，然后在编辑区拖曳出一个矩形文本框，在文本框内输入需要显示的文字内容，然后在【字幕工具】、【字幕动作】、【字幕属性】、【字幕样式】等面板中为输入的文字设置字体样式、字体大小、对齐方式、颜色渐变、字幕样式等效果，如图 6-58 所示。

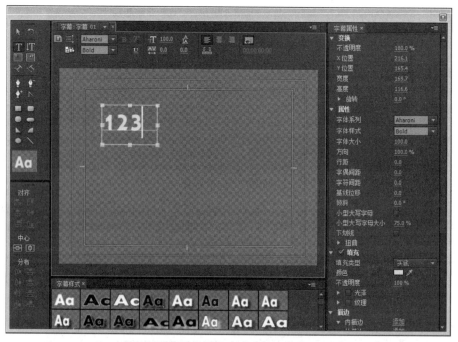

图 6-58 字幕特效

（3）选择【文件】｜【保存】菜单命令，将字幕文件保存后关闭文字编辑器。那么这时在【工程】窗口中就可以找到这个字幕文件，将它拖到时间轴上即可，如图 6-59 所示。

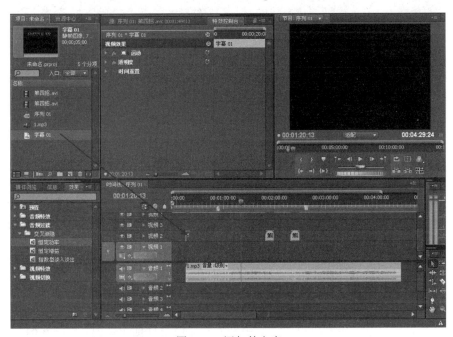

图 6-59　添加的文字

（4）动态字幕与静态字幕的相互转换在新建了上述静态字幕之后，可以在时间轴窗口中的字母通道上进行双击，然后在弹出的【字幕】编辑窗口中，单击【滚动／游动选项（R）】按钮，接着在弹出的【滚动／游动选项】对话框中修改字幕类型。这样，原本静态的字幕就变成了动态字幕，其通道的添加和管理与静态字幕一样，在此不再赘述。

另外，制作字幕还可以使用 Premiere 软件自带的模板。选择【字幕】｜【新建字幕】｜【基于模板】菜单命令，将弹出【新建字幕】编辑器，在该编辑器中包含有许多不同风格的字幕样式，选择其中一个模板打开，然后在【新建字幕】编辑器里对模板进行构图及文字的修改等操作，如图 6-60 所示。

名师点拨

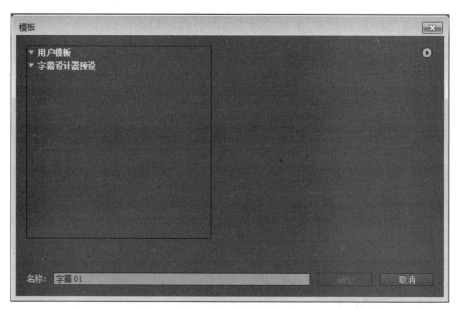

图 6-60　新建字幕

> 如果想让文字覆盖在动画图面之上，那么字幕文件所在通道要在其他素材所在通道之上，这样就能同时播放字幕和其他素材影片。
> 字幕持续显示的时间可以通过对字幕显示通道进行拖拉裁剪，如图 6-61 所示。如果是动态字幕的话，播放持续时间越长，运动速度相对越慢。

名师点拨

图 6-61　调节字幕

8. 保存与导出

（1）保存 ppj 文件

在 Premiere 软件中现在【文件】|【保存】菜单命令或者【文件】|【另存为】菜单命令都可以将文件进行保存，默认的保存格式为 .prproj 格式。保存的文件保留了当前影片编辑状态的全部信息，在以后需要调用时，只需直接打开该文件就可以继续进行编辑。

（2）导出 AVI 格式

选择【文件】|【导出】|【媒体】菜单命令，打开【导出设置】对话框，在该对话框中为影片命名并设置好保存路径后，Premiere 软件就会开始合成 AVI 电影了。

6.4　专家总结

在本章学到了怎样添加不同角度的场景并保存，可以方便地进行多个场景视图的切换。另外，也可以导出设置好的场景图片，让设计师能更好地多角度观察图形。希望大家全面掌握 SketchUp 中导出动画的方法以及批量导出场景图像的方法。动画场景的创建更能展现设计成果与意图，所以要勤加练习。

6.5　课后习题

6.5.1　填空题

（1）在 SketchUp 设计中，选择适合的_____，作为一个页面（一张图片）。

（2）采用幻灯片播放时，每秒显示的帧数取决于计算机的_____，而导出视频文件的话，SketchUp 会使用额外的时间来渲染更多的帧，以保证画面的流畅播放，导出视频文件需要更多的时间。

（3）Premiere 软件的主界面包括_____、_____、_____、_____等。

6.5.2　问答题

（1）场景的功能？

（2）帧速率的概念及要求？

6.5.3　上机操作题

如图 6-62 所示，使用本章学过的命令来创建场景转换效果。

一般创建步骤和方法：

（1）使用页面设计设置不同的场景。

（2）导出场景幻灯片。

（3）导出场景转换动画并编辑。

图 6-62　场景转换效果

第 7 章　剖切平面设计

内　容	掌握程度	课　时
创建和编辑剖切平面	熟练运用	2
导出剖切平面	熟练运用	2
制作剖切面动画	熟练运用	2

课训目标

课程学习建议

　　建筑模型效果虽然可以通过不同角度进行观察，但主要看到的还是建筑外部效果，如果要想同时看到内部效果，如同建筑图剖面图一样，就要使用剖切平面的功能。

　　本章主要讲解剖切平面功能的使用方法，包括创建剖面、编辑剖面和导出剖面，以及制作剖面动画。其培训课程表如下。

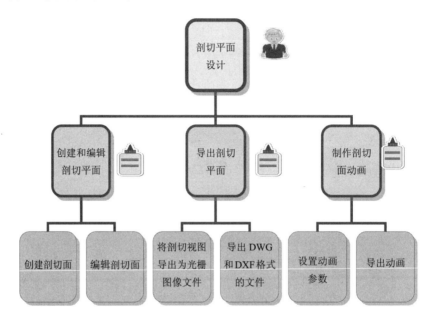

7.1　创建和编辑剖切平面

基本概念

　　【剖切平面】是 SketchUp 中的特殊命令，用来控制截面效果。物体在空间的位置以及与群组和组件的关系，决定了剖切效果的本质。

课堂讲解课时：2 课时

7.1.1　设计理论

　　用户可以控制截面线的颜色，或者将截面线创建为组。使用【剖切平面】命令可以方

便地对物体的内部模型进行观察和编辑，展示模型内部的空间关系，减少编辑模型时所需的隐藏操作。

创建剖切面可以更方便观察模型内部结构，在作为展示的时候，可以让观察者更多更全面的了解模型。

编辑剖切面可以更方便的展示模型，可以把需要显示的地方表现出来，使观察者更好的观察模型内部。

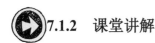**7.1.2　课堂讲解**

1. 创建剖切面

执行【截平面】命令主要有以下几种方式：

> 在【菜单栏】中，选择【工具】|【剖切面】菜单命令。
> 在【菜单栏】中，选择【视图】|【工具栏】|【截面】菜单命令，打开【截面】工具栏，单击【剖切面】工具⊕。

此时光标会出现一个剖切面，接着移动光标到几何体上，剖切面会对齐到所在表面上，如图 7-1 所示。

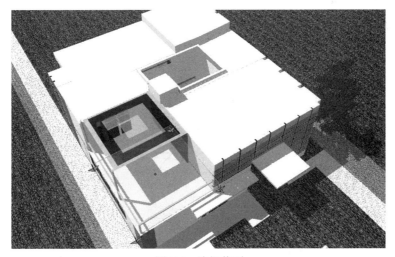

图 7-1　选择截面

移动截面至适当位置，然后用鼠标右键单击放置截面，如图 7-2 所示。

在【样式】对话框中可以对截面线的粗细和颜色进行调整，如图 7-3 所示。

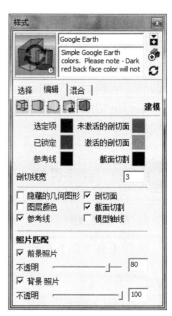

图 7-2　放置截面　　　　　　　　　　　　图 7-3　样式

2. 编辑剖切面

（1）【截面】工具栏

【截面】工具栏中的工具可以控制全局截面的显示和隐藏。选择【视图】|【工具栏】|
【截面】菜单命令即可打开【截面】工具栏，该工具栏共有 3 个工具，分别为【剖切面】
工具 ⊕、【打开或关闭剖切面】工具 🏠 和【打开或关闭剖面切割】工具 🏠，如图 7-4
所示。

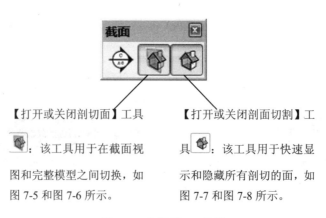

【打开或关闭剖切面】工具　　　　　【打开或关闭剖面切割】工

🏠：该工具用于在截面视　　具 🏠：该工具用于快速显

图和完整模型之间切换，如　　示和隐藏所有剖切的面，如

图 7-5 和图 7-6 所示。　　　　图 7-7 和图 7-8 所示。

图 7-4　【截面】工具栏

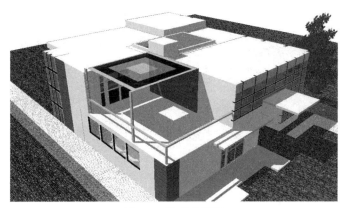

图 7-5　隐藏截平面

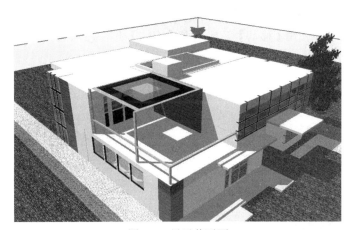

图 7-6　显示截平面

图 7-7　隐藏截面切割

图 7-8　显示截面切割

（2）移动和旋转截面

使用【移动】工具 ✦ 和【旋转】工具 ↻ 可以对截面进行移动和旋转。

与其他实体一样，使用【移动】工具 ✦ 和【旋转】工具 ↻ 可以对截面进行移动和旋转，如图 7-9 和图 7-10 所示。

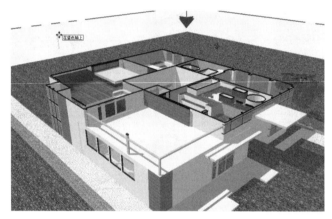

图 7-9　移动截面

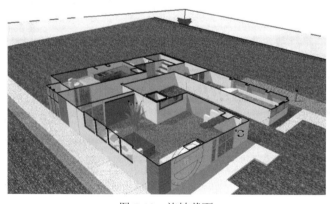

图 7-10　旋转截面

（3）反转截面的方向

在剖切面上用鼠标右键单击，然后在弹出的快捷菜单中选择【反转】命令，或者直接选择【编辑】｜【剖切面】｜【翻转】菜单命令，可以翻转剖切的方向，如图 7-11 所示。

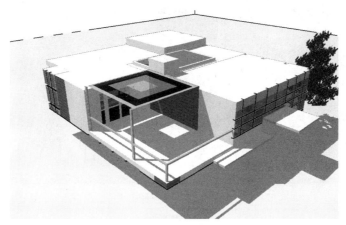

图 7-11　反转截面

（4）激活截面

放置一个新的截面后，该截面会自动激活。在同一个模型中可以放置多个截面，但一次只能激活一个截面，激活一个截面的同时会自动淡化其他截面。

虽然一次只能激活一个截面，但是组合组件相当于【模型中的模型】，在它们内部还可以有各自的激活截面。例如一个组里还嵌套了两个带剖切面的组，并且分别具有不同的剖切方向，再加上这个组的一个截面，那么在这个模型中就能对该组同时进行 3 个方向的剖切。也就是说，剖切面能作用于它所在的模型等级（包括整个模型、组合嵌套组等）中的所有几何体。

名师点拨

（5）将截面对齐到视图

要得到一个传统的截面视图，可以在截面上用鼠标右键单击，然后在弹出的快捷菜单中选择【对齐视图】命令。此时截面对齐到屏幕，显示为一点透视截面或正视平面截面，如图 7-12 所示。

（6）从剖面创建组

在截面上用鼠标右键单击，然后在弹出的快捷菜单中选择【从剖面创建组】命令。在截面与模型表面相交的位置会产生新的边线，并封装在一个组中，如图 7-13 所示。从剖切口创建的组可以被移动，也可以被分解。

图 7-12　对齐视图

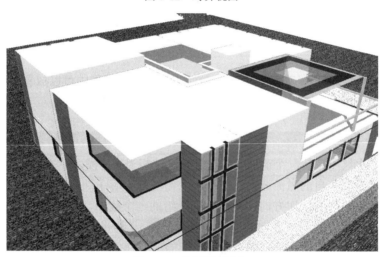

图 7-13　从剖面创建组

7.1.3　课堂练习——制作别墅剖切平面

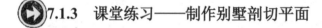

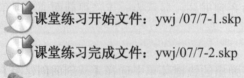

课堂练习开始文件：ywj /07/7-1.skp

课堂练习完成文件：ywj/07/7-2.skp

多媒体教学路径：光盘→多媒体教学→第 7 章→第 1 节练习

Step1 打开 7-1.skp 图形文件，将需要制作动画的建筑体创建为群组，如图 7-14 所示。

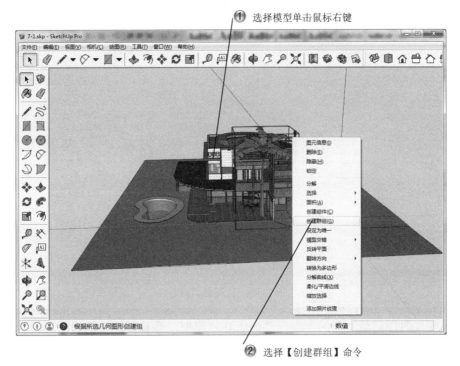

① 选择模型单击鼠标右键

② 选择【创建群组】命令

图 7-14　创建群组

Step2 双击进入组内部编辑，然后在建筑最底层创建一个剖切面，如图 7-15 所示。

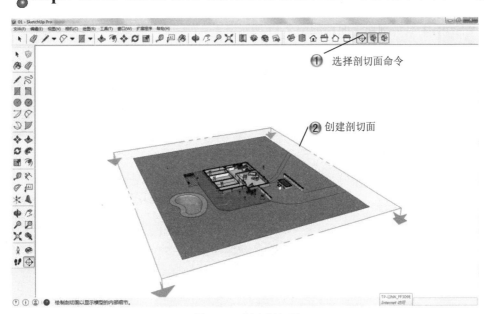

① 选择剖切面命令

② 创建剖切面

图 7-15　创建剖切面

Step3 将剖切面向上移动复制 6 份，如图 7-16 所示。

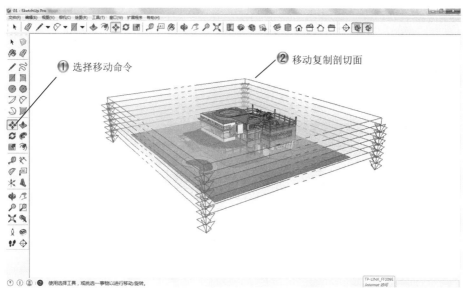

图 7-16　复制剖切面

> 复制时注意最上面的剖切面要高于建筑模型，而且要保持剖切面之间的间距相等，这是因为场景过渡时间相等，所以如果剖面之间距离不一致，就会发生【生长】的速度有快有慢不一致的情况。

名师点拨

Step4 显示剖切平面，如图 7-17 所示。

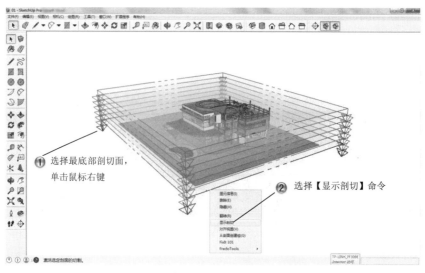

图 7-17　显示剖切

Step5 隐藏所有剖切面，创建一个新的场景（场景号 1），如图 7-18 所示。

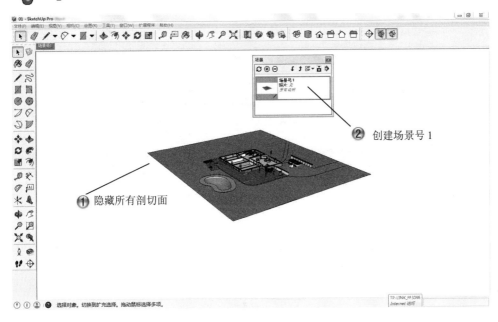

图 7-18　创建场景 1

Step6 添加其余剖切面的场景，如图 7-19、图 7-20 所示。

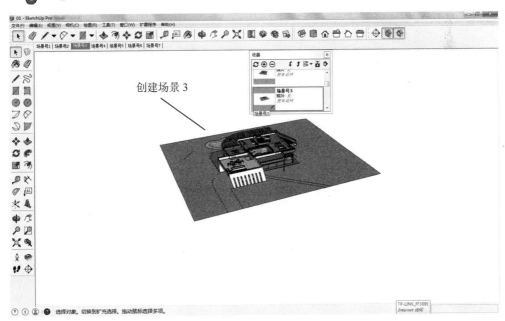

图 7-19　添加场景 3

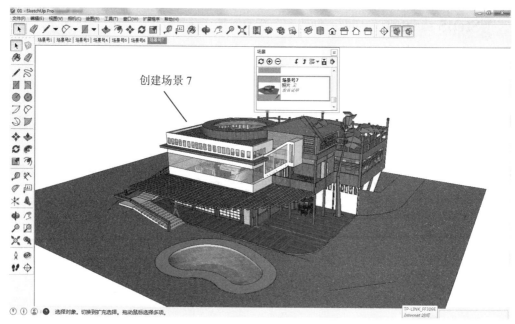

图 7-20 添加场景 7

Step7 完成设置后，导出动画，动画播放效果如图 7-21 所示。

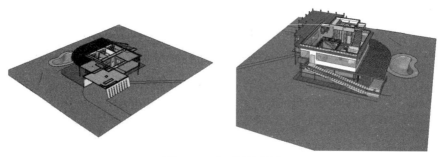

图 7-21 动画播放效果

7.2 导出剖切平面

基本概念

导出剖切平面,可以很方便地应用到其他绘图软件中,例如将剖面导出为 DWG 和 DXF 格式的文件,这两种格式的文件可以直接应用于 AutoCAD 中。这样可以利用其他软件对图形进行修改。

课堂讲解课时：2 课时

7.2.1　设计理论

SketchUp 的剖面可以导出为以下两种类型。

第 1 种：将剖切视图导出为光栅图像文件。只要模型视图中有激活的剖切面，任何光栅图像导出都会包括剖切效果。

第 2 种：将剖面导出为 DWG 和 DXF 格式的文件，这两种格式的文件可以直接应用于 AutoCAD 中。

7.2.2　课堂讲解

选择【文件】｜【导出】｜【剖面】菜单命令，打开【输出二维剖面】对话框，设置【文件类型】为【AutoCAD DWG 文件（*.dwg）】，如图 7-22 所示。

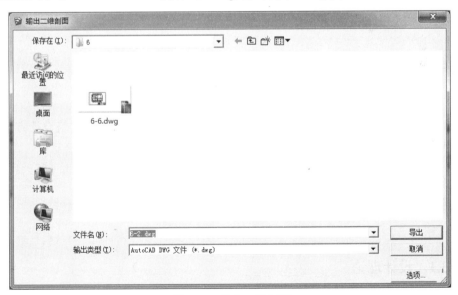

图 7-22　输出二维剖面

设置文件保存的类型后即可直接导出，也可以单击【选项】按钮，打开【二维剖面选项】对话框，如图 7-23 所示。然后在该对话框中进行相应的设置，再进行输出。

图 7-23　二维剖面选项

7.3　制作剖切面动画

基本概念

结合 SketchUp 的剖面功能和页面功能可以生成剖面动画。例如在建筑设计方案中，可以制作剖面生长动画，带来建筑层层生长的视觉效果。

课堂讲解课时：2 课时

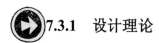
7.3.1　设计理论

首先需要选择【窗口】|【模型信息】菜单命令，打开【模型信息】对话框，如图 7-24 所示。

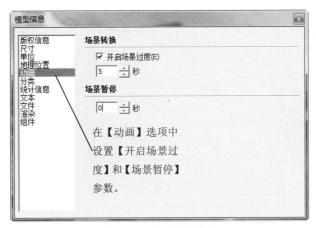

图 7-24　模型信息设置

7.3.2　课堂讲解

要制作剖切面动画，首先完成模型信息的设置。

然后选择【文件】|【导出】|【动画】|【视频】菜单命令（图 7-25），就可以导出动画，如图 7-26 和图 7-27 所示。

图 7-25　【文件】|【导出】|【动画】|【视频】菜单命令

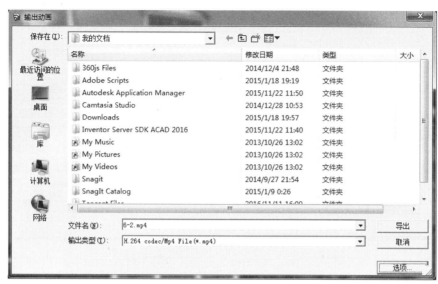

图 7-26 【输出动画】对话框

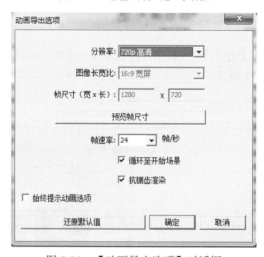

图 7-27 【动画导出选项】对话框

7.3.3 课堂练习——制作街区剖切动画

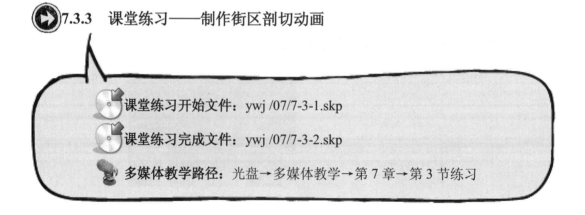

课堂练习开始文件：ywj /07/7-3-1.skp

课堂练习完成文件：ywj /07/7-3-2.skp

多媒体教学路径：光盘→多媒体教学→第 7 章→第 3 节练习

Step1 打开 7-3-1.skp 文件，将需要制作动画的建筑体创建为组，如图 7-28 所示。

① 选择模型单击鼠标右键

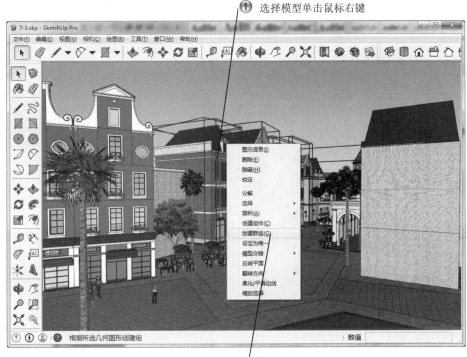

② 选择【创建群组】命令

图 7-28　创建群组

Step2 双击进入组内部编辑，在建筑最底层创建一个截面，如图 7-29 所示。

① 选择剖切面命令

② 创建剖切面

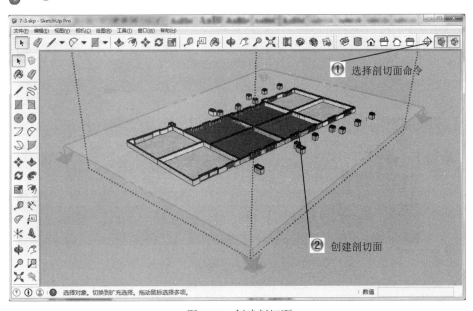

图 7-29　创建剖切面

!Step3 将剖切面向上移动复制 21 份，如图 7-30 所示。

图 7-30　复制剖切面

!Step4 将所有剖切面隐藏，创建一个新的场景（场景号 1），如图 7-31 所示。

图 7-31　创建场景 1

Step5 然后继续添加一个新的场景（场景 2），如图 7-32 所示。

创建场景号 2

图 7-32　添加场景 2

Step6 添加其余剖切面的场景后，设置动画选项，如图 7-33 所示。

① 选择【模型信息】菜单命令　　② 设置动画选项

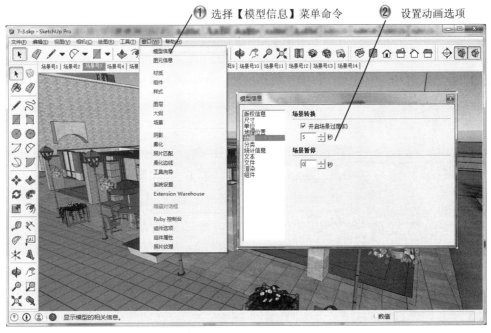

图 7-33　设置动画选项

!**Step7** 完成设置后，导出动画，如图 7-34 所示。

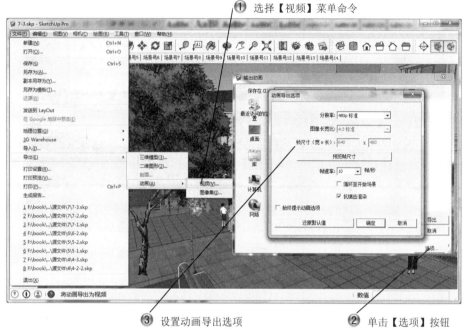

① 选择【视频】菜单命令

③ 设置动画导出选项　　　　　　　　　② 单击【选项】按钮

图 7-34　导出动画

!**Step8** 至此，范例制作完成，输出动画，范例的最终动画效果如图 7-35 所示。

图 7-35　范例最终动画效果

7.4　专家总结

通过本章学习，大家应掌握 SketchUp 中创建截面的方法，编辑截面的方法，导出截面的方法和截面生长动画的制作，创建截面可以了解所创建模型的内部结构。

7.5　课后习题

7.5.1　填空题

（1）【截面】工具栏中的工具可以控制全局截面的_____和_____。
（2）结合 SketchUp 的剖面功能和页面功能可以生成_____。

7.5.2　问答题

（1）剖切平面的概念及作用？
（2）SketchUp 的剖面可以导出哪几种类型？

7.5.3　上机操作题

如图 7-36 所示，使用本章学过的命令来创建建筑生长动画效果。
一般创建步骤和方法：
（1）将需要制作动画的建筑体创建为组。
（2）运用剖切平面创建建筑不同的剖面。
（3）设置不同剖面的场景。
（4）导出场景动画。

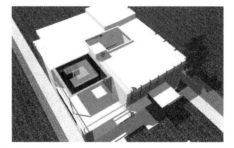

图 7-36　建筑生长动画效果

第8章 创建地形和文件导出

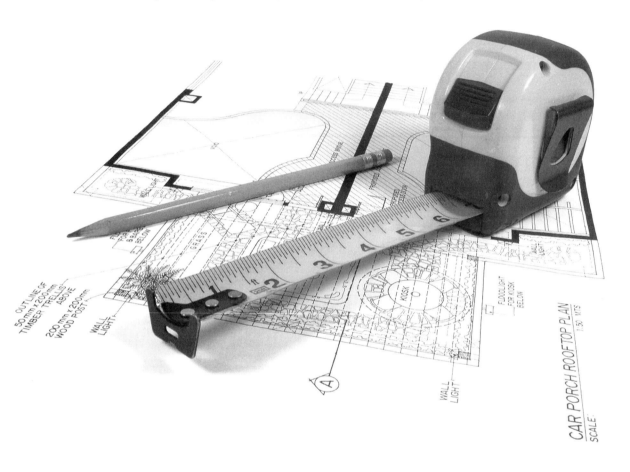

	内　容	掌握程度	课　时
课训目标	应用沙盒工具创建地形	熟练运用	2
	CAD 文件的导入导出	熟练运用	2
	图形文件的导入导出	熟练运用	2

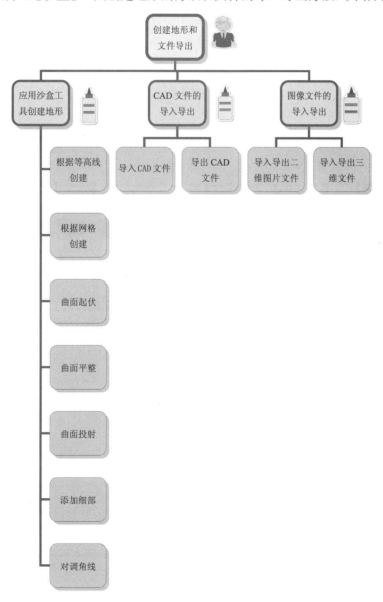

课程学习建议

不管是城市规划、园林景观设计，还是游戏动画的场景，创建出一个好的地形环境能为设计增色不少。地形是建筑效果和景观效果中很重要的部分，SketchUp 创建地形有其独特的优势，也很方便快捷。从 SketchUp 5 以后，创建地形使用的都是【沙盒】工具。SketchUp可以与 AutoCAD、3dsMax 等相关图形处理软件共享数据成果，以弥补 SketchUp 在精确建模方面的不足。

本章主要介绍【沙盒】工具创建地形的方法和文件的导入导出方法，其培训课程表如下。

8.1 应用沙盒工具创建地形

确切地说，【沙盒】工具是一个插件，它是用 Ruby 语言结合 SketchUp Ruby API 编写的，并对其源文件进行了加密处理。从 SketchUp 2014 开始，其【沙盒】功能自动加载到了软件中。本节就来对沙盒工具进行讲解。

 课堂讲解课时：2 课时

8.1.1 设计理论

选择【视图】|【工具栏】|【沙盒】菜单命令将打开【沙盒】工具栏，该工具栏中包含了 7 个工具，分别是【根据等高线创建】工具、【根据网格创建】工具、【曲面起伏】工具、【曲面平整】工具、【曲面投射】工具、【添加细部】工具和【对调角线】工具，如图 8-1 所示。

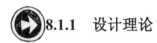

图 8-1 【沙盒】工具栏

8.1.2 课堂讲解

1. 根据等高线创建

执行【根据等高线创建工具】管理器命令主要有以下几种方式：

- 在【菜单栏】中，选择【绘图】|【沙盒】|【根据等高线创建工具】命令。
- 单击【沙盒】工具栏中的【根据等高线创建】按钮。

使用【根据等高线创建】工具 （或选择【绘图】|【沙盒】|【根据等高线创建】菜单命令），可以让封闭相邻的等高线形成三角面。等高线可以是直线、圆弧、圆、曲线等，

使用该工具将会使这些闭合或不闭合的线封闭成面，从而形成坡地。

例如使用【手绘线】工具 ≈ 在上视图，创建地形，如图 8-2 所示。

图 8-2　徒手画工具

选择绘制好的等高线，然后使用【根据等高线工具创建】工具 📖，生成的等高线地形会自动形成一个组，在组外将等高线删除，如图 8-3 所示。

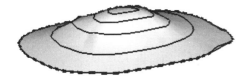

图 8-3　根据等高线工具创建

2. 根据网格创建

执行【根据等高线创建工具】管理器命令主要有以下几种方式：

- 在【菜单栏】中，选择【绘图】|【沙盒】|【根据网格创建】命令。
- 单击【沙盒】工具栏中的【根据网格创建】按钮 ▦。

使用【根据网格创建】工具（或者选择【绘图】|【沙盒】|【根据网格创建】菜单命令）可以根据网格创建地形。当然，创建的只是大体的地形空间，并不十分精确。如果需要精确的地形，还是要使用上文提到的【根据等高线工具创建】工具。

3. 曲面起伏

执行【曲面拉伸】工具管理器命令主要有以下几种方式：

- 在【菜单栏】中，选择【工具】|【沙盒】|【曲面起伏】菜单命令。
- 单击【沙盒】工具栏中的【曲面起伏】按钮 ▨。

使用【曲面起伏】工具可以将网格中的部分进行曲面拉伸。

在 SketchUp 中【设置场景坐标轴】与【显示十字光标】这两个操作并不常用，特别对于初学者来说，不需要过多地去研究，有一定的了解即可。

名师点拨

4. 曲面平整

执行【曲面平整】工具管理器命令主要有以下几种方式：

- 在【菜单栏】中，选择【工具】|【沙盒】|【曲面平整】菜单命令。
- 单击【沙盒】工具栏中的【曲面平整】按钮 。

使用【曲面平整】工具 （或者选择【工具】|【沙盒】|【曲面平整】菜单命令）可以在复杂的地形表面上创建建筑基面和平整场地，使建筑物能够与地面更好地结合。

使用【曲面平整】工具 不支持镂空的情况，遇到有镂空的面会自动闭合；同时，也不支持 90 度垂直方向或大于 90 度以上的转折，遇到此种情况会自动断开，如图 8-4 所示。

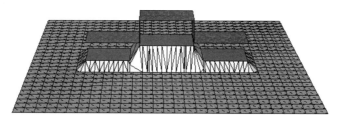

图 8-4　曲面平整工具创建

在 SketchUp 中剖面图的绘制，调整，显示很方便，可以很随意地完成需要的剖面图，设计师可以根据方案中垂直方向的结构、构件等去选择剖面图，而不是为了绘制剖面图而绘制。

名师点拨

5. 曲面投射

执行【曲面投射】工具管理器命令主要有以下几种方式：

- 在【菜单栏】中，选择【工具】|【沙盒】|【曲面投射】菜单命令。
- 单击【沙盒】工具栏中的【曲面投射】按钮 。

使用【曲面投射】工具 （或者选择【工具】|【沙盒】|【曲面投射】菜单命令）可以将物体的形状投射到地形上。与【曲面平整】工具 不同的是，【曲面平整】工具 是在地形上建立一个基底平面使建筑物与地面更好地结合，而【曲面投射】工具 是在地形上划分一个投射面物体的形状。

在 SketchUp 中背景与天空都无法贴图，只能用简单的颜色来表示，如果需要增加配景贴图，可以在 PhotoShop 中完成，也可以将 SketchUp 的文件导入到彩绘大师 piranesi 中生成水彩画等效果。

名师点拨

6. 添加细部

执行【添加细部工具】工具管理器命令主要有以下几种方式：

- 在【菜单栏】中，选择【工具】|【沙盒】|【添加细部】菜单命令。
- 单击【沙盒】工具栏中的【添加细部】按钮。

使用【添加细部】工具（或者选择【工具】|【沙盒】|【添加细部】菜单命令）可以在根据网格创建地形不够精确的情况下，对网格进行进一步修改。细分的原则是将一个网格分成 4 块，共形成 8 个三角面，但破面的网格会有所不同，如图 8-5 所示。

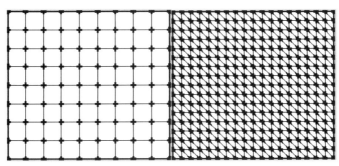

图 8-5　添加细部工具

添加图层的原则是按绘图要素的分类来新增图层，一个图层就是一种图形类别。

名师点拨

7. 翻转边线

执行【翻转边线】工具管理器命令主要有以下几种方式：

- 在【菜单栏】中，选择【工具】|【沙盒】|【对调角线】菜单命令。
- 单击【沙盒】工具栏中的【对调角线】按钮。

使用【对调角线】工具（或者选择【工具】|【沙盒】|【对调角线】菜单命令）可

以人为地改变地形网格边线的方向，对地形的局部进行调整。某些情况下，对于一些地形的起伏不能顺势而下，选择【对调角线】命令，改变边线凹凸的方向就可以很好地解决此问题。

8.1.3 课堂练习——绘制山地模型

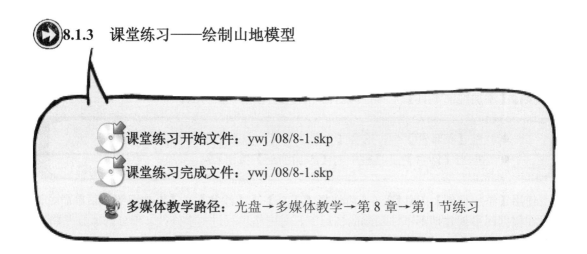

课堂练习开始文件：ywj /08/8-1.skp

课堂练习完成文件：ywj /08/8-1.skp

多媒体教学路径：光盘→多媒体教学→第 8 章→第 1 节练习

Step1 新建文件，使用沙盒工具绘制网格，如图 8-6 所示。

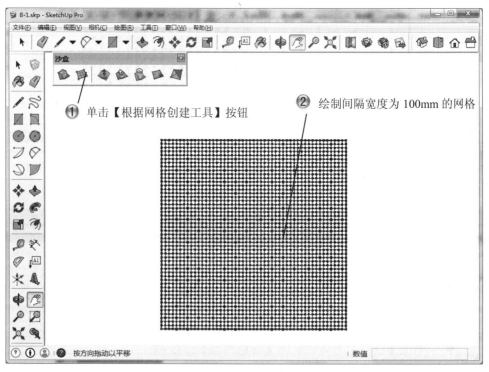

① 单击【根据网格创建工具】按钮

② 绘制间隔宽度为 100mm 的网格

图 8-6　绘制网格

Step2 选择网格面进行拉伸，如图 8-7 所示。

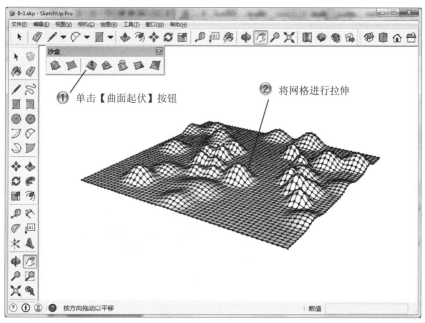

图 8-7　拉伸网格面

Step3 绘制矩形，如图 8-8 所示。

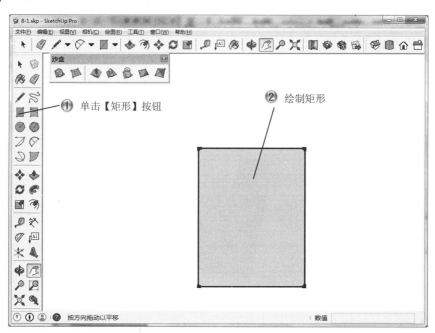

图 8-8　绘制矩形

Step4 移动矩形到地形上方，如图 8-9 所示。

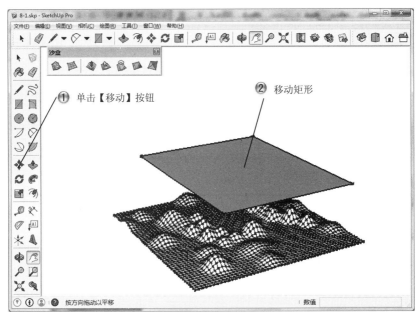

图 8-9　移动矩形

Step5 在矩形面上绘制圆弧，如图 8-10 所示。

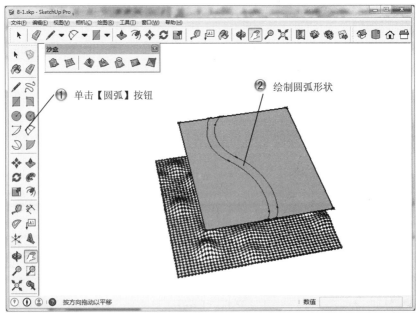

图 8-10　绘制圆弧

Step6 选择圆弧投射，创建道路，如图 8-11 所示。

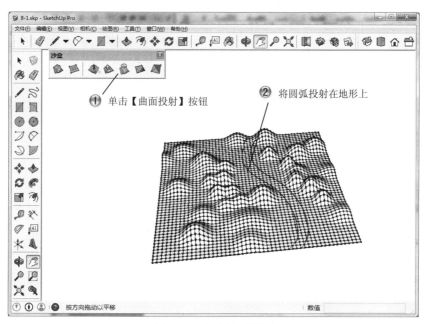

图 8-11　创建地形路面

Step7 设置地面材质，如图 8-12 所示。

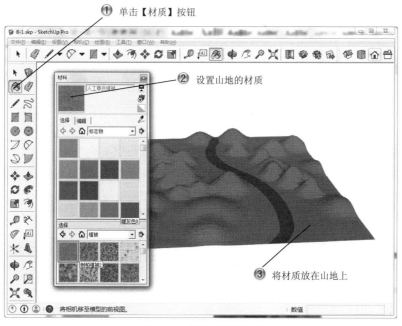

图 8-12　添加地面材质

Step8 设置路面材质，如图 8-13 所示。

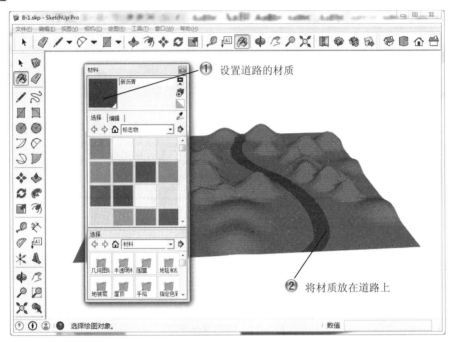

图 8-13　添加路面材质

Step9 这样范例制作完成，完成的山地模型如图 8-14 所示。

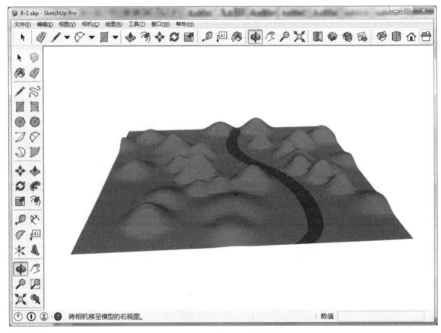

图 8-14　完成山地模型

8.2 CAD 文件的导入导出

基本概念

SketchUp 在建模之后还可以导出准确的平面图、立面图和剖面图，为下一步施工图的制作提供基础条件。在本节将详细介绍 SketchUp 与几种常用软件的衔接，不同格式文件的导入导出操作。

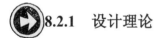

课堂讲解课时：2 课时

8.2.1 设计理论

在 CAD 导入 SU 之前，要把坐标原点设置好，有些时候导入 SU 后，会发现 SU 在离坐标很远的地方，这是因为 CAD 中如果有"块"，每个块的坐标原点都是在很远的地方。在 SU 中简单地把整个模型移动到坐标原点解决不了破面问题，得每个组重新设置轴坐标。所以，在画 CAD 时，就养成设置好原点坐标的好习惯，在拿到别人的 CAD 建模时，也先检查一下坐标原点。

8.2.2 课堂讲解

AutoCAD 中有宽度的多段线可以导入 SketchUp 里面变成面，而填充命令生成的面导入 SketchUp 中则不生成面。

1. 导入 DWG/DXF 格式的文件

作为真正的方案推敲软件，SketchUp 必须支持方案设计的全过程。粗略抽象的概念设计是重要的，但精确的图纸也同样重要。因此，SketchUp 一开始就支持导入和导出 AutoCAD 的 DWG / DXF 格式的文件。

选择【文件】|【导入】菜单命令，然后在弹出的【打开】对话框中设置【文件类型】为【AutoCAD 文件（*. dwg，*. dxf)】，如图 8-15 所示。

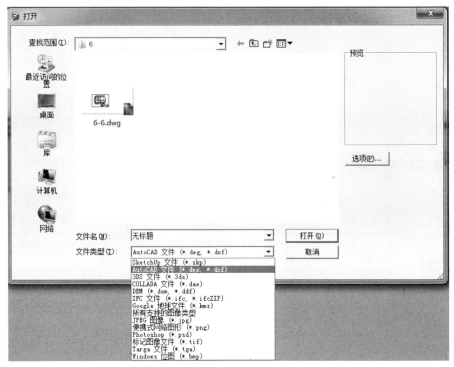

图 8-15 【打开】对话框

单击选择需要导入的文件，然后单击【选项】按钮 ，接着在弹出的【导入 AutoCAD DWG/DXF 选项】对话框中，根据导入文件的属性选择一个导入的单位，一般选择为【毫米】或者【米】，如图 8-16 所示，最后单击【确定】按钮。

【合并共面平面】：导入 DWG 或 DXF 格式的文件时，会发现一些平面上有三角形的划分线。手工删除这些多余的线是很麻烦的，可以使用该选项让 SketchUp 自动删除多余的划分线。

【平面方向一致】：启用该复选框后，系统会自动分析导入表面的朝向，并统一表面的法线方向。

图 8-16 导入 AutoCAD DWG/DXF 选项

完成设置后单击【确定】按钮，开始导入文件，大的文件可能需要几分钟，如图 8-17 所示。

导入完成后，SketchUp 会显示一个导入实体的报告，如图 8-18 所示。

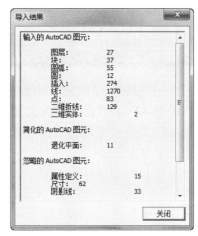

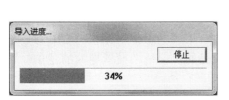

图 8-17 输入进度　　　　　　　　　　图 8-18 导入结果

如果导入之前，SketchUp 中已经有了别的实体，那么所有导入的几何体会合并为一个组，以免干扰（黏住）已有的几何体，但如果是导入到空白文件中就不会创建组。

SketchUp 支持导入的 AutoCAD 实体包括线、圆弧、圆、多段线、面、有厚度的实体、三维面、嵌套的图块以及图层。目前，SketchUp 还不能支持 AutoCAD 实心体、区域、样条线、锥形宽度的多段线、XREFS、填充图案、尺寸标注、文字和 ADT、ARX 物体，这些在导入时将被忽略。如果想导入这些未被支持的实体，需要 AutoCAD 中先将其分解（快捷键为 X 键），有些物体还需要分解多次才能在导出时转换为 SketchUp 几何体，有些即使被分解也无法导入，请读者注意。

在导入文件的时候，尽量简化文件，只导入需要的几何体。这是因为导入一个大的 AutoCAD 文件时，系统会对每个图形实体都进行分析，这需要很长的时间，而且一旦导入后，由于 SketchUp 中智能化的线和表面需要比 AutoCAD 更多的系统资源，复杂的文件会拖慢 SketchUp 的系统性能。

有些文件可能包含非标准的单位、共面的表面以及朝向不一的表面，用户可以通过【导入 AutoCAD DWG / DXF 选项】对话框中的【合并共面平面】选项和【平面方向一致】选项纠正这些问题。

 名师点拨

一些 AutoCAD 文件以统一单位来保存数据，例如 DXF 格式的文件，这意味着导入时必须指定导入文件使用的单位以保证进行正确的缩放。如果已知 AutoCAD 文件使用的单位为毫米，而在导入时却选择了米，那么就意味着图形放大了 1000 倍。

在 SketchUp 中导入 DWG 格式的文件时，在【打开】对话框的右侧有一个【选项】按钮 选项(P)... ，单击该按钮并在弹出的对话框中设置导入的【单位】为【毫米】即可，如图 8-19 所示。

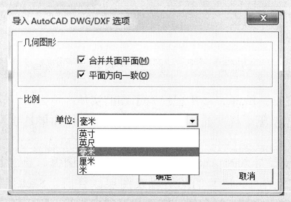

图 8-19　单位选择

不过，需要注意的是，在 SketchUp 中只能识别 0.001 平方单位以上的表面，如果导入的模型有 0.01 单位长度的边线，将不能导入，因为 0.01×0.01=0.0001 平方单位。所以在导入未知单位文件时，宁愿设定大的单位也不要选择小的单位，因为模型比例缩小会使一些过小的表面在 SketchUp 中被忽略，剩余的表面也可能发生变形。如果指定单位为米，导入的模型虽然过大，但所有的表面都被正确导入了，可以缩放模型到正确的尺寸。

名师点拨

导入的 AutoCAD 图形需要在 SketchUp 中生成面，然后才能拉伸。对于在同一平面内本来就封闭的线，只需要绘制其中一小段线段就会自动封闭成面；对于开口的线，将开口处用线连接好就会生成面，如图 8-20 所示。

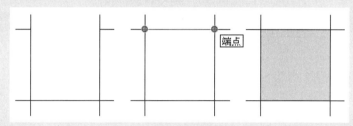

图 8-20　生成面

在需要封闭很多面的情况下，可以使用 Label Stray Lines 插件，它可以快速标明图形的缺口，读者可以尝试使用一下。另外，还可以使用所讲的 SUAPP 插件集中的线面工具进行封面。

具体步骤为：选中要封面的线，接着选择【插件】｜【线面工具】｜【生成面域】菜单命令，在运用插件进行封面的时候需要等待一段时间，在绘图区下方会显示一条进度条显示封面的进程。插件没有封到的面可以使用【线条】工具 ✏ 进行补充。

在导入 AutoCAD 图形时，有时候会发现导入的线段不在一个面上，可能是在 AutoCAD 中没有对线的标高进行统一。如果已经统一了标高，但是导入后还是会出现线条弯曲的情况，或者是出现线条晃动的情况，建议复制这些线条，然后重新打开 SketchUp 并粘贴到一个新的文件中。

 名师点拨

2.导出 DWG/DXF 格式的二维矢量图文件

SketchUp 允许将模型导出为多种格式的二维矢量图，包括 DWG、DXF、EPS 和 PDF 格式。导出的二维矢量图可以方便地在任何 CAD 软件或矢量处理软件中导入和编辑。

SketchUp 的一些图形特性无法导出到二维矢量图中，包括贴图、阴影和透明度。

在绘图窗口中调整好视图的视角（SketchUp 会将当前视图导出，并忽略贴图，阴影等不支持的特性）。

选择【文件】|【导出】|【二维图形】菜单命令，打开【输出二维图形】对话框，然后设置【文件类型】为 AutoCAD DWG File（*. dwg）或者 AutoCAD DWG File（*. dxf），接着设置导出的文件名，如图 8-21 所示。

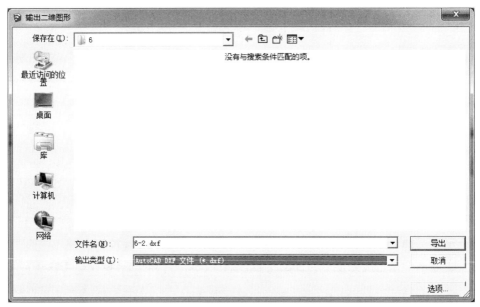

图 8-21　输出二维图形

单击【选项】按钮，弹出【DWG/DXF 消隐选项】对话框，从中设置输出的参数，如图 8-22 所示。完成设置后单击【确定】按钮，即可进行输出。

3.导入 DWG/DXF 格式的三维模型文件

导出为 DWG 和 DXF 格式的三维模型文件的具体操作步骤如下。选择【文件】|【导出】|【三维模型】菜单命令，然后在【输出模型】对话框中设置【输出类型】为【AutoCAD DWG 文件（*.dwg）】或者【AutoCAD DXF 文件（*.dxf）】。

完成设置后即可按当前设置进行保存，也可以对导出选项进行设置后再保存，如图 8-23 所示。

【在图纸中】/【在模型中的样式】:【在图纸中】和【在模型中的样式】的比例就是导出时的缩放比例。例如,【在图纸中】/【在模型中的样式】:1 毫米/1 米,那就相当于导出 1:1000 的图形。另外,开启【透视显示】模式时不能定义这两项的比例,即使在【平行投影】模式下,也必须是表面的法线垂直视图时才可以。

【AutoCAD 版本】选项组:在该选项组中可以选择导出的 AutoCAD 版本。

【无】:如果设置【导出】为【无】,则导出时会忽略屏幕显示效果而导出正常的线条;如果没有设置该项,则 SketchUp 中显示的轮廓线会导出为较租的线。

【有宽度的折线】:如果设置【导出】为【有宽度的折线】,则导出的轮廓线为多段线实体。

【宽线图元】:如果设置【导出】为【宽线图元】,则导出的剖面线为粗线实体。该项只有导出 AutoCAD 2000 以上版本的,DWG 文件才有效。

【在图层上分离】:如果设置【导出】为【在图层上分离】,将导出专门的轮廓线图层,便于在其他程序中设置和修改。SketchUp 的图层设置在导出二维消隐线矢量图时不会直接转换。

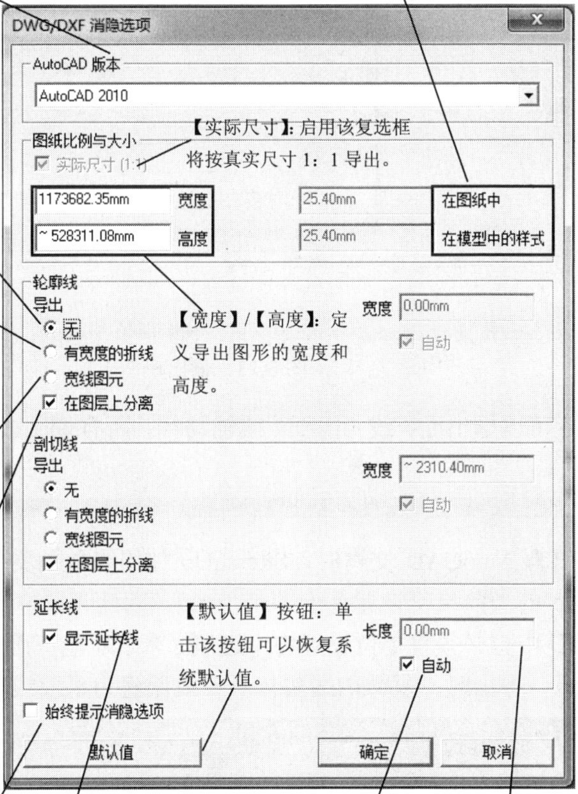

【实际尺寸】:启用该复选框将按真实尺寸 1:1 导出。

【宽度】/【高度】:定义导出图形的宽度和高度。

DWG/DXF 消隐选项

AutoCAD 版本
AutoCAD 2010

图纸比例与大小
☑ 实际尺寸 (1:1)
1173682.35mm   宽度   25.40mm   在图纸中
~ 528311.08mm   高度   25.40mm   在模型中的样式

轮廓线
导出
○ 无
○ 有宽度的折线   宽度 0.00mm
○ 宽线图元   ☑ 自动
☑ 在图层上分离

剖切线
导出
○ 无
○ 有宽度的折线   宽度 ~ 2310.40mm
○ 宽线图元   ☑ 自动
☑ 在图层上分离

延长线
☑ 显示延长线   长度 0.00mm
                         ☑ 自动

□ 始终提示消隐选项
默认值   确定   取消

【默认值】按钮:单击该按钮可以恢复系统默认值。

【始终提示消隐选项】:启用该复选框后,每次导出为 DWG 和 DXF 格式的二维矢量图文件时都会自动打开【DWG/DXF 消隐线选项】对话框;如果禁用该复选框,将使用上次的导出设置。

【显示延长线】:启用该复选框后,将导出 SketchUp 中显示的延长线。如果禁用选复选框,将导出正常的线条。这里有一点要注意,延长线在 SketchUp 中对捕捉参考系统没有影响,但在别的 CAD 程序中就可能出现问题,如果想编辑导出的矢量图,最好禁止该项。

【自动】:启用该复选框将分析用户指定的导出尺寸,并匹配延长线的长度,让延长线和屏幕上显示的相似。该选项只有在启用【显示延长线】复选框时才生效。

【长度】:用于指定延长线的长度。该项只有在启用【显示延长线】复选框并禁用【自动】复选框后才生效。

图 8-22 DWG/DXF 消隐选项

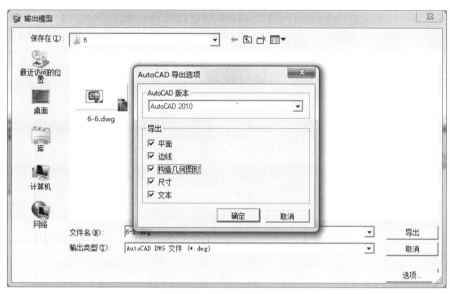

图 8-23　输出模型选项

　　SketchUp 可以导出面、线（线框）或辅助线，所有 SketchUp 的表面都将导出为三角形的多段网格面。

> 　　导出为 AutoCAD 文件时，SketchUp 使用当前的文件单位导出。例如，SketchUp 的当前单位设置是十进制（米），以此为单位导出的 DWG 文件在 AutoCAD 中也必须将单位设置为十进制（米）才能正确转换模型。另外一点需要注意，导出时，复数的线实体不会被创建为多段线实体。

名师点拨

8.2.3　课堂练习——导入导出建筑 CAD 图形

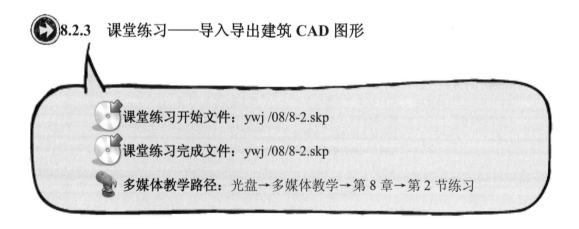

　　课堂练习开始文件： ywj /08/8-2.skp

　　课堂练习完成文件： ywj /08/8-2.skp

　　多媒体教学路径： 光盘→多媒体教学→第 8 章→第 2 节练习

Step1 新建文件，设置导入 CAD 文件，如图 8-24 所示。

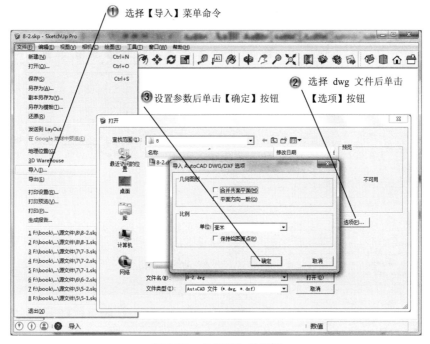

图 8-24 【打开】对话框

Step2 开始导入文件，完成后会显示一个导入结果的报告，如图 8-25 所示。

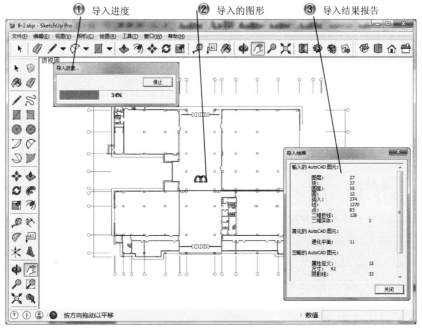

图 8-25 导入结果

！Step3 设置导出 JPG 文件，如图 8-26 所示。

① 选择【二维图形】菜单命令

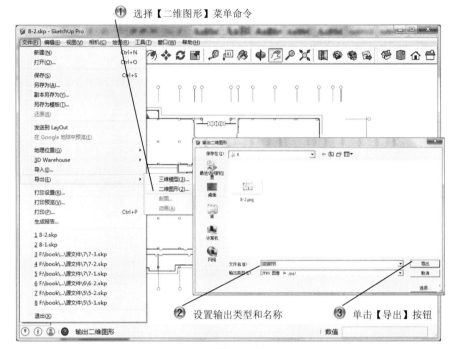

② 设置输出类型和名称　　　③ 单击【导出】按钮

图 8-26　输出二维图形

！Step4 导出的二维图形效果，如图 8-27 所示。

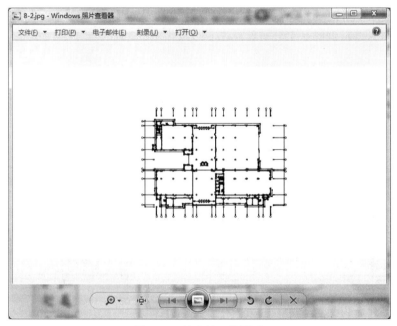

图 8-27　输出的二维图形

8.3　图像文件的导入导出

基本概念

作为一名设计师，可能经常需要对扫描图、传真、图片等图像进行描绘，SketchUp 允许用户导入 JPEG、PNG、TGA、BMP 和 TIF 格式的图像到模型中。

另外，在绘图过程中，三维图形的导入也可以提高我们的工作效率，同时也能减少工作量。

课堂讲解课时：2 课时

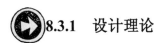

8.3.1　设计理论

通常导出的导入的图像文件分为两种：二维图片和三维图形（3DS 格式文件）。

SketchUp 可以导出 JPG、BMP、TGA、TIF、PNG 和 Epix 等格式的二维光栅图像，也可以导出 3DS 格式的三维图形文件，以及 VRML 格式的文件和 OBJ 格式的文件。

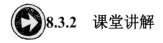

8.3.2　课堂讲解

1. 导入二维图片

（1）选择【文件】|【导入】菜单命令，弹出【打开】对话框，从中选择图片导入，如图 8-28 所示。

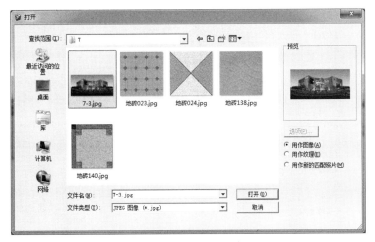

图 8-28　【打开】对话框

也可以用鼠标右键单击桌面左下角的【开始】按钮，选择【资源管理器】，打开图像所在的文件夹，选中图像，拖放至 SketchUp 绘图窗口中。

改变图像高宽比：

默认情况下，导入的图像保持原始文件的高宽比，用户可以在导入图像时按住 Shift 键来改变高宽比，也可以使用【缩放】工具 🔍 来改变图像的高宽比。

缩小图像文件大小：

当用户在场景中导入一个图像后，这个图像就封装到了 SketchUp 文件中。这样在发送 SKP 文件给他人时就不会丢失文件链接，但这也意味着文件会迅速变大。所以在导入图像时，应尽量控制图像文件的大小。下面提供两种减小图像文件大小的方法。

【降低图像的分辨率】：图像的分辨率与图像文件大小直接相关，有时候，低分辨率的图像就能满足描图等需要。用户可以在导入图像前先将图像转为灰度，然后在降低分辨率，一次来减小图像文件的大小。图像分辨率也会受到 OpenGL 驱动能处理的最大贴图限制，大多数系统的限制是 1024 像素×1024 像素，如果需要大图，可以用多幅图片拼合而成。

【压缩图像】：将图像压缩成为 JPEG 或者 PNG 格式。

（2）图像右键关联菜单

将图像导入 SketchUp 后，如果在图像上用鼠标右键单击，将弹出一个菜单，如图 8-29 所示。

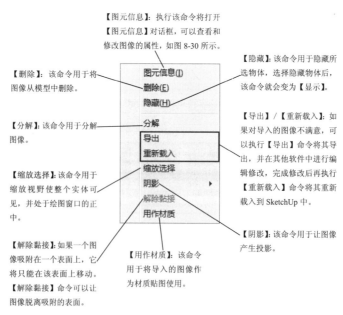

图 8-29　右键菜单

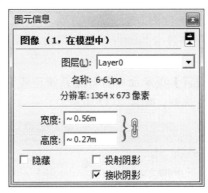

图 8-30　图元信息

2. 导出二维图像

SketchUp 允许用户导出 JPG、BMP、TGA、TIF、PNG 和 Epix 等格式的二维光栅图像。

（1）导出 JPG 格式的图像

将文件导出为 JPG 格式的具体操作步骤如下。

<1>在绘图窗口中设置好需要导出的模型视图。

<2>设置好视图后，选择【文件】|【导出】|【二维图像】菜单命令打开【输出二维图形】对话框，然后设置好输出的文件名和文件格式（JPG 格式），单击【选项】按钮，弹出【导出 JPG 选项】对话框，如图 8-31 所示。

【使用视图大小】：启用该复选框则导出图
像的尺寸大小为当前视图窗口的大小，取
消该项则可以自定义图像尺寸。

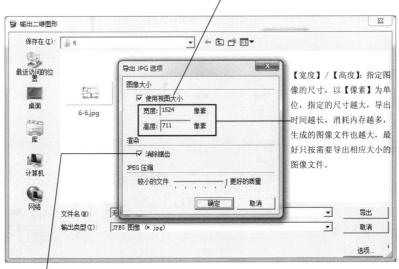

【宽度】/【高度】：指定图
像的尺寸，以【像素】为单
位，指定的尺寸越大，导出
时间越长，消耗内存越多，
生成的图像文件也越大，最
好只按需要导出相应大小的
图像文件。

【消除锯齿】：启用该复选框后，SketchUp
会对导出图像做平滑处理。需要更多的导
出时间，但可以减少图像中的线条锯齿。

图 8-31　导出 JPG 选项

在 SketchUp 中导出高质量的位图方法：

SketchUp 的图片导出质量与显卡的硬件质量有很大关系，显卡越好抗锯齿的能力就越强，导出的图片就越清晰。

选择【窗口】|【系统设置】菜单命令打开【系统设置】对话框，然后在 OpenGL 选项中启用【使用硬件加速】复选框，如图 8-32 所示。

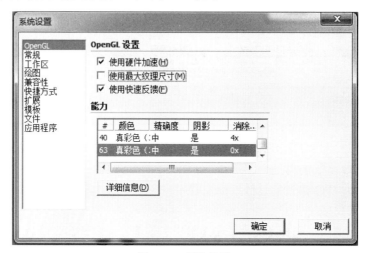

图 8-32　系统设置

除了上面的方法外，在导出图像时可以先导出一张尺寸较大的图片，然后再在 Photoshop 中将图片的尺寸改小，这样也能增强图像的抗锯齿效果，如图 8-33 所示。

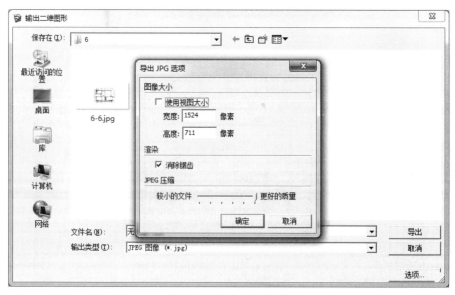

图 8-33　导出 JPG 选项

（2）导出 PDF/EPS 格式的图像

将文件导出为 PDF 或者 EPS 格式的具体操作步骤如下。

<1>在绘图窗口中设置要导出的模型视图。

<2>设置好视图后，选择【文件】|【导出】|【二维图形】菜单命令打开【输出二维图形】对话框，然后设置好导出的文件名和文件格式（PDF 或者 EPS 格式），如图 8-34 所示，单击【选项】按钮，弹出【便携文档格式（PDF）消隐选项】对话框，如图 8-35 所示。

图 8-34　输出二维图形

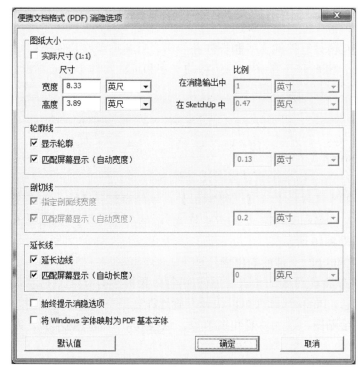

图 8-35　便携文档格式（PDF）消隐选项

PDF 文件是 Adobe 公司开发的开放式电子文档，支持各种字体、图片、格式和颜色，是压缩过的文件，便于发布、浏览和打印。

EPS 文件是 Adobe 公司开发的标准图形格式，广泛用于图像设计和印刷品出版。

导出 PDF 和 EPS 格式的最初目的是矢量图输出，因此导出文件中可以包括线条和填充区域，但不能导出贴图、阴影、平滑着色、背景和透明度等显示效果。另外，由于 SketchUp 没有使用 OpenGL 来输出矢量图，因此也不能导出那些由 OpenGL 渲染出来的效果。如果想要导出所见即所得的图像，可以导出为光栅图像。

SketchUp 导出文字标注到二维图形中有以下限制。

<1>被几何体遮挡的文字和标注在导出之后会出现在几何体前面。
<2>位于 SketchUp 绘图窗口边缘的文字和标注实体不能被导出。
<3>某些字体不能正常转换。

（3）导出 Epix 格式的图像

将文件导出为 Epix 格式的具体操作步骤如下。

选择【文件】|【导出】|【二维图形】菜单命令打开【输出二维图形】对话框，然后设置好导出的文件名和文件格式（EPX 格式），单击【选项】按钮，弹出【导出 Epx 选项】对话框，如图 8-36 所示。

Piranesi 软件和 Epix 文件的导出操作如下。

Piranesi 绘图软件能对 SketchUp 的模型进行效果极佳的渲染。使用 SketchUp 提供的空间深度和材质信息，Piranesi 软件可以快速准确地在三维空间中工作，用户以填充颜色、应用照片贴图或手绘贴图、添加背景和细节等，这些效果是即时显示的，方便调试和润色图像，如图 8-37 所示。

【使用视图大小】：启用该复选框后，将使用 SketchUp 绘图窗口的精确尺寸导出图像，如果禁用则可以自定义尺寸。通常，要打印的图像尺寸都比正常的屏幕尺寸要大，而 Epix 格式的文件储存了比普通光栅图像更多的信息通道，文件会更大，所以使用较大的图像尺寸会消耗较多的系统资源。

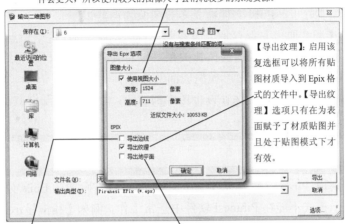

【导出纹理】：启用该复选框可以将所有贴图材质导入到 Epix 格式的文件中。【导出纹理】选项只有在为表面赋予了材质贴图并且处于贴图模式下才有效。

【导出边线】：大多数三维程序导出文件到 Piranesi 绘图软件中时，不会导出边线。而遗憾的是，边线是传统徒手绘制的基础。该选项用于将屏幕显示的边线样式导入 Epix 格式的文件中。

如果在样式编辑栏中的边线设置里关闭了【显示边线】选项，则不管是否启用了【导出边线】复选框，导出的文件中都不会显示边线。

【导出地平面】：SketchUp 不适合渲染有机物体，例如人和树等，而 Piranesi 绘图软件则可以。该选项可以在深度通道中创建一个地平面，让用户可以快速地放置人、树、贴图等，而不需要在 SketchUp 中建立一个地面，如果用户想要产生地面阴影，这是很必要的。

图 8-36　导出 EPX 选项

图 8-37　绘图效果

要正确导出 Epix 文件，必须将屏幕显示设置为 32 位色 Epix 文件除了保存图像信息外，还保存了基于三维模型的额外信息，这些信息可以让 Piranesi 软件智能地渲染图像。

Epix 文件保存的额外信息主要包括 3 种通道。

<1>【RGB 通道】：保存每个像素的颜色值。这和其他的光栅图像格式是一样的，实际上，Epix 文件被大多数图像编辑器识别为 TIFF 文件。

<2>【深度通道】：保存每个像素距离视点的距离值。这个信息帮助 Piranesi 软件理解图像中模型表面的拓扑关系，以对其进行赋予材质、缩放物体、锁定方位以及其他一基于三维模型表面的操作。

<3>【材质通道】：保存每个像素的材质，这样在填充材质不必担心填充到不需要的部分。

一般来说，Piranesi 软件需要一个平涂着色、没有贴图的 Epix 文件。SketchUp 的一些显示模式不能在 Piranesi 软件中正常工作，例如【线框显示】模式和【消隐】模式。另外，SketchUp 的其他一些特性也不完全和 Piranesi 软件的要求相符合，例如边线和材质。

名师点拨

3. 导入 3DS 格式的文件

导入 3DS 格式文件的具体操作步骤如下。

选择【文件】|【导入】菜单命令，然后在弹出的【打开】对话框中找到需要导入的文件并将其导入。在导入前可以先设置导入的单位为【3DS 文件（*.3ds）】，单击【选项】按钮，弹出【3DS 导入选项】对话框，如图 8-38 所示。

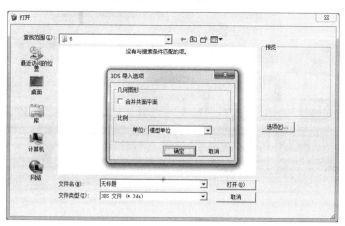

图 8-38　3DS 导入选项

4. 导出 3DS 格式的文件

3DS 格式的文件支持 SketchUp 导出材质、贴图和照相机，比 DWG 格式和 DXF 格式更能完美地转换 SketchUp 模型。

导出为 3DS 格式文件的具体操作步骤如下。

选择【文件】|【导出】|【三维模型】菜单命令打开【输出模型】对话框，然后设置好导出的文件名和文件格式（3DS 格式），如图 8-39 所示，单击【选项】按钮，弹出【3DS 导出选项】对话框，如图 8-40 所示。

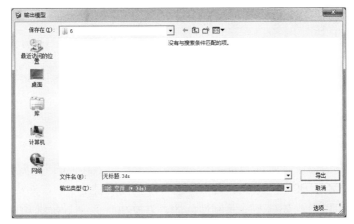

图 8-39　输出模型

【几何图形】选项用于设置导出的模式，在【导出】下拉列表框中包含了 4 个不同的选项，如图 8-41 所示。

【导出两边的平面】：启用该复选框将激活下面的【材质】和【几何图形】附属选项，其中【材质】选项能开启3DS 材质定义中的双面标记，这个选项导出的多边形数量和单面导出的多边形数量一样，但渲染速度会下降，特别是开启阴影和反射效果的时候；另外，这个选项无法使用 SketchUp 中的表面背面的材质。相反，【几何图形】选项则是将每个 SketchUp 的面都导出两次，一次导出正面，另一次导出背面，导出的多边形数量增加一倍，同样渲染速度也会下降，但是导出的模型两个面都可以渲染，并且正反两面可有不同的材质。

【仅导出当前选择的内容】：启用该复选框将只导出当前选中的实体。

【导出纹理映射】：启用该复选框可以导出模型的材质贴图。

【保留纹理坐标】：该选项用于在导出 3DS 文件时，不改变 SketchUp 材质贴图的坐标。只有启用【导出纹理映射】复选框后，该选项和【固定顶点】选项才能被激活。

【固定顶点】：该选项用于在导出 3DS 文件时，保持贴图坐标与平面视图对齐。

【从页面生成相机】：该选项用于保存时为当前视图创建照相机，也为每个 SketchUp 页面创建照相机。

【比例】：指定导出模型使用的测量单位。默认设置是【模型单位】，即 SketchUp 的系统属性中指定的当前单位。

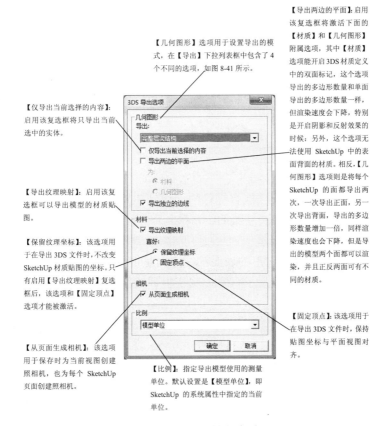

图 8-40　3DS 导出选项

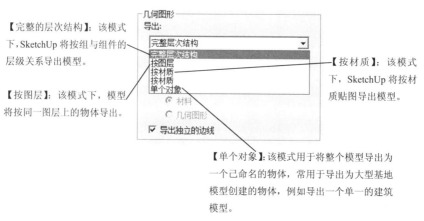

【完整的层次结构】：该模式下，SketchUp 将按组与组件的层级关系导出模型。

【按图层】：该模式下，模型将按同一图层上的物体导出。

【按材质】：该模式下，SketchUp 将按材质贴图导出模型。

【单个对象】：该模式用于将整个模型导出为一个已命名的物体，常用于导出为大型基地模型创建的物体，例如导出一个单一的建筑模型。

图 8-41　几何图形

导出 3DS 格式文件的问题和限制操作如下。

SketchUp 专为方案推敲而设计，它的一些特性不同于其他的 3D 建模程序。在导出 3DS 文件时一些信息不能保留。3DS 格式本身也有一些局限性。

SketchUp 可以自动处理一些限制性问题，并提供一系列导出选项以适应不同的需要。以下是需要注意的内容。

（1）物体顶点限制

3DS 格式的一个物体被限制为 64 000 个顶点和 64 000 个面。如果 SketchUp 的模型超出这个限制，那么导出的 3DS 文件可能无法在别的程序中导入。SketchUp 会自动监视并显示警告对话框。

要处理这个问题，首先要确定启用【仅导出当前选择的内容】复选框，然后试着将模型单个依次导出。

（2）嵌套的组或组件

目前，SketchUp 不能导出组合组件的层级到 3DS 文件中。换句话说，组中嵌套的组会被打散并附属于最高层级的组。

（3）双面的表面

在一些 3D 程序中，多边形的表面法线方向是很重要的，因为默认情况下只有表面的正面可见。这好像违反了直觉，真实世界的物体并不是这样的，但这样能提高渲染效率。

而在 SketchUp 中，一个表面的两个面都可见，用户不必担心面的朝向。例如，在 SketchUp 中创建了一个带默认材质的立方体，立方体的外表面为棕色而内表面为蓝色。如果内外表面都赋予相同材质，那么表面的方向就不重要了。

但是，导出的模型如果没有统一法线，那在别的应用程序中就可以出现"丢面"的现象。并不是真的丢失了，而是面的朝向不对。解决这个问题的一个方法是用【将面翻转】命令对表面进行手工复位，或者用【统一面的方向】、命令将所有相邻表面的法线方向统一，这样可以同时修正多个表面法线的问题。另外，【3DS导出选项】对话框中的【导出两边的平面】选项也可以修正这个问题，这是一种强力有效方法，如果没时间手工修改表面法线时，使用这个命令非常方便。

（4）双面贴图

表面有正反两面，但只有正面的 UV 贴图可以导出。

（5）复数的 UV 顶点

3DS 文件中每个顶点只能使用一个 UV 贴图坐标，所以共享相同顶点的两个面上无法具有不同的贴图。为了打破这个限制，SketchUp 通过分割几何体，让在同一平面上的多边形的组拥有各自的顶点，如此虽然可以保持材料贴图，但由于顶点重复，也可能会造成无法正确进行一些 3D 模型操作，例如【平滑】或【布尔运算】。幸运的是当前的大部分 3D 应用程序都可以保持正确贴图和结合重复的顶点，在由 SketchUp 导出的 3DS 文件中进行此操作，不论是在贴图、模型都能得到理想的结果。

这里有一点需要注意，表面的正反两面都赋予材质的话，背面的 UV 贴图将被忽略。

（6）独立边线

一些 3D 程序使用的是【顶点-面】模型，不能识别 SketchUp 的独立边线定义，3DS 文件也是如此，要导出边线，SketchUp 会导出细长的矩形来代替这些独立边线，但可能导致无效的 3DS 文件。如果可能，不要将独立边线导出到 3DS 文件中。

（7）贴图名称

3DS 文件使用的贴图文件名格式有基于 DOS 系统的字符限制，不支持长文件名和一些特殊字符。SketchUp 在导出时会试着创建 DOS 标准的文件名。例如，一个命名为 corrugated metal.jpg 的文件在 3DS 文件中被描述为 corrug~1.jpg。别的使用相同的头 6 个字符的文件被描述为 corrug-2.jpg，并以此类推。

不过这样的话，如果要在别的 3D 程序中使用贴图，就必须重新指定贴图文件或修改贴图文件的名称。

（8）贴图路径

保存 SketchUp 文件时，使用的材质会封装到文件中。当用户将文件 Email 给他人时，不需要担心找不到材质贴图的问题。但是，3DS 文件只是提供了贴图文件的链接，没有保存贴图的实际路径和信息；这一局限很容易破坏贴图分配，最容易的解决办法就是在导入模型的 3D 程序中添 SketchUp 的贴图文件目录，这样就能解决贴图文件找不的问题。

如果贴图文件不是保存在本地文件夹中，就不能使用如果别人将 SketchUp 文件 Email 给自己，该文件封装自定义的贴图材质，这些材质是无法导出到 3DS 文件中这就需要另外再把贴图文件传送过来，或者将 SKP 文件中的贴图导出为图像文件。

（9）材质名称

SketchUp 允许使用多种字符的长文件名，而 3DS 不行。因此，导出时，材质名称会被修改并截至 12 个字符。

（10）可见性

只有当前可见的物体才能导出到 3DS 文件中，隐藏的物体或处于隐藏图层中的物体是不会被导出的。

（11）图层

3DS 格式不支持图层，所有 SketchUp 图层在导出时都将丢失。如果要保留图层，最好导出为 DWG 格式。

（12）单位

SketchUp 导出 3DS 文件时可以在选项中指定单位。例如，在 SketchUp 中边长为【1 米】的立方体在设置单位为【米】时，导出到 3DS 文件后，边长为 1，如果将导出单位设成【厘米】，则该立方体的导出边长为 100。

3DS 格式通过比例因子来记录单位信息，这样别的程序读取 3DS 文件时都可以自动转换为真实尺寸。例如上面的立方体虽然边长一个为 1，一个为 100，但导入程序后却是一样大小。

不幸的是，有些程序忽略了单位缩放信息，这将导致边长为【100 厘米】的立方体在导入后是边长为 1 米的立方体的 100 倍。碰到这种情况，只能在导出时就把单位设成其他程序导入时需要的单位。

5. 导出 VRML 格式的文件

VRML2.0（虚拟实景模型语言）是一种三维场景的描述格式文件，通常用于三维应用程序之间的数据交换或在网络上发布三维信息。VRML 格式的文件可以储存 SketchUp 的几何体，包括边线、表面、组、材质、透明度、照相机视图和灯光等。

导出为 VRML 格式文件的具体操作步骤如下。

选择【文件】|【导出】|【三维模型】菜单命令，打开【输出模型】对话框，设置好导出的文件名和文件格式（WRL 格式），如图 8-42 所示，单击【选项】按钮，弹出【VEML 导出选项】对话框，如图 8-43 所示。

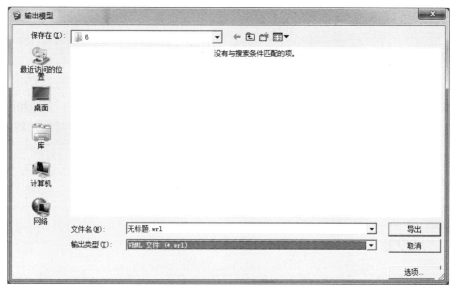

图 8-42 输出模型

【输出纹理映射】：启用该复选框后，SketchUp 将把贴图信息导出到 VRML
文件中。如果没有选择该项，将只导出颜色。在网上发布 VRML 文件时，可
以对文件进行编辑，将纹理贴图的绝对路径改为相对路径。此外，VRML 文
件的贴图和材质的名称也不能有空格，SketchUp 会用下划线来替换空格。

【忽略平面材质的背面】：
SketchUp 在导出 VRML 文件
时，可以导出双面材质。如果
该复选框被启用，则两面将
以正面的材质导出。

【使用 VRML 标准方向】：
VRML 默认以 xz 平面作为
水平面（相当于地面），而
SketchUp 是以 xy 平面作为
地面。启用该复选框后，导
出的文件会转换为 VRML
标准。

【输出边线】：启用该复选框
后，SketchUp 将把边线导出为
VRML 边线实体。

【生成相机】：启用该复选
框后，SketchUp 会为每个
页面都创建一个 VRML 照
相机。当前的 SketchUp 视
图会导出为【默认镜头】，
其他的页面照相机则以页
面来命名。

【允许镜像的组件】：启用该
复选框可以导出镜像和缩放
后的组件。

【检查材质覆盖】：启用该复
选框会自动检测组件内的物
体是否有应用默认材质的物
体，或是否有属于默认图层的
物体。

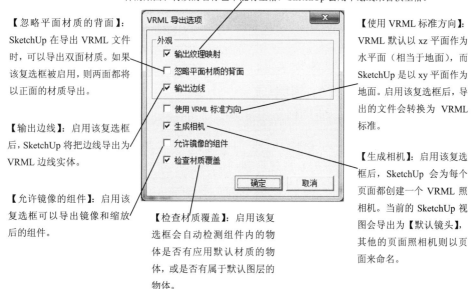

图 8-43 VRML 导出选项

6. 导出 OBJ 格式的文件

OBJ 是一种基于文件的格式，支持自由格式和多边形几何体，在此不再详细介绍。

8.4　专家总结

在本章学习中，希望大家掌握 SketchUp 沙盒工具的使用方法，CAD 文件和图形文件的导出、导入方法，熟练运用这些方法，可以帮助我们在 SketchUp 建模时更加得心应手。

8.5　课后习题

8.5.1　填空题

（1）【沙盒】工具是一个_____，它是用 Ruby 语言结合 SketchUp Ruby API 编写的，并对其源文件进行了加密处理。

（2）AutoCAD 中_____可以导入 SketchUp 里面变成面，而_____导入 SketchUp 中则不生成面。

（3）OBJ 是一种基于文件的格式，支持_____和_____。

8.5.2　问答题

（1）减小图像文件大小的方法有哪些？

（2）概述导出 3DS 格式文件的问题和限制？

8.5.3　上机操作题

如图 8-44 所示，使用本章学过的命令来创建帐篷的模型。

一般创建步骤和方法：

（1）绘制底部形状。

（2）绘制侧面形状。

（3）使用沙盒工具绘制出模型。

（4）绘制门等细部形状。

图 8-44　帐篷模型

第 9 章　利用插件设计和渲染

	内　容	掌握程度	课　时
课训目标	利用插件设计	熟练运用	2
	渲染设计	熟练运用	2
	建筑效果后期处理	熟练运用	2

课程学习建议

使用插件可以快速简洁的完成很多模型效果，这在 SketchUp 设计中很有用，安装和使用插件是设计师在草图设计中的必修课。为了让用户熟悉 SketchUp 的基本工具和使用技巧，都没有使用 SketchUp 以外的工具。但是在制作一些复杂模型时，使用 SketchUp 自身的工具来制作就会很繁琐，在这种时候使第三方的插件会起到事半功倍的作用。

本章将介绍一些常用插件，这些插件都是专门针对 SketchUp 的缺陷而设计开发的，具有很高的实用性，其培训课程表如下。

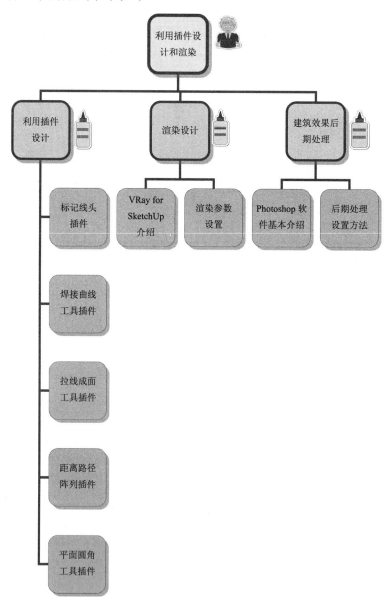

9.1　利用插件设计

基本概念

SketchUp 的插件也称为脚本（Script），它是用 Ruby 语言编制的实用程序。2004 年在 SketchUp 发布 4.0 版本的时候，增加了针对 Ruby 语言的接口，这是一个完全开放的接口，任何人只要熟悉一下 Ruby 语言就可以自行扩展 SketchUp 的功能。Ruby 语言由日本人松本行弘所开发的，是一种为简单快捷面向对象编程（面向对象程序设计）而创的脚本语言，掌握起来比较简单，容易上手。这就使得 SketchUp 的插件如同雨后春笋一般发展起来，到目前在为止，SketchUp 的插件数量已不下千种。正是由于 SketchUp 插件的繁荣才给 SketchUp 带来了无尽的活力。

课堂讲解课时：2 课时

9.1.1　设计理论

SketchUp 的插件也称为脚本（Script），它是用 Ruby 语言编制的实用程序，通常程序文件的后缀名为 . rb。一个简单的 SketchUp 插件只有一个 , rb 文件，复杂一点的可能会有多个 . rb 文件，并带有自己文件夹和工具图标。安装插件时只需要将他们复制到 SketchUp 安装的 Plugins 子文件夹即可。个别插件有专门的安装文件，在安装时可 Windows 应用程度一样进行安装。

> 添加 SketchUp 插件可以通过互联网来获取，某些网站提供了大量插件，很多插件都可以通过这些网站下载使用。

名师点拨

9.1.2　课堂讲解

1. 标记线头插件

执行【标记线头】命令的方法如下。
在【菜单栏】中，选择【扩展程序】｜【线面辅助工具】｜【查找线头工具】｜【标记线头】命令，如图 9-1 所示。

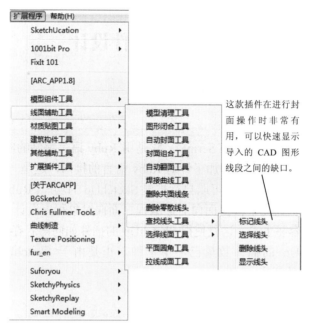

图 9-1　【标记线头】菜单命令

2. 焊接曲线工具插件

执行【焊接曲线工具】命令方法如下。

在【菜单栏】中，选择【扩展程序】｜【线面辅助工具】｜【焊接曲线工具】命令，如图 9-2 所示。

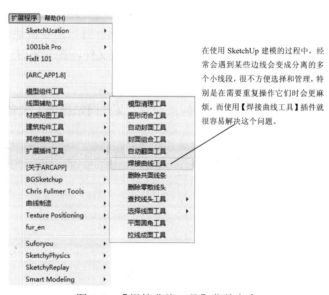

图 9-2　【焊接曲线工具】菜单命令

3. 拉线成面工具插件

执行【拉线成面工具】命令方法如下。

在【菜单栏】中，选择【扩展程序】|【线面辅助工具】|【拉线成面工具】命令。

使用时选定需要挤压的线就可以直接应用该插件，挤压的高度可以在数值输入框中输入准确数值，当然也可以通过拖曳光标的方式拖出高度。拉伸线插件可以快速将线拉伸成面，其功能与 SUAAP 中的【线转面】功能类似。

有时在制作室内场景时，可能只需要单面墙体，通常的做法是先做好墙体截面，然后使用【推/拉】工具 ▲ 推出具有厚度的墙体，接着删除朝外的墙面，才能得到需要的室内墙面，操作起来比较麻烦。使用 Extruded Lines 插件（【拉线成面工具】插件）可以简化操作步骤，只需要绘制出室内墙线就可以通过这个插件挤压出单面墙。

【拉线成面工具】插件不但可以对一个平面上的线进行挤压，而且对空间曲线同样适用。如在制作旋转楼梯的扶手侧边曲面时，有了这个插件后就可以直接挤压出曲面，如图 9-3 示。

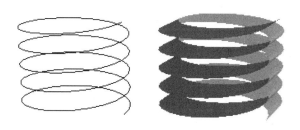

图 9-3　【拉线成面工具】命令

4. 距离路径阵列插件

执行【距离路径阵列】命令方法如下。

在【菜单栏】中，选择【扩展程序】|【模型组件工具】|【距离路径阵列】命令，如图 9-4 所示。

5. 平面圆角工具插件

执行【平面圆角工具】命令方法如下。

在【菜单栏】中，选择【扩展程序】|【线面辅助工具】|【平面圆角工具】命令，如图 9-5 所示。

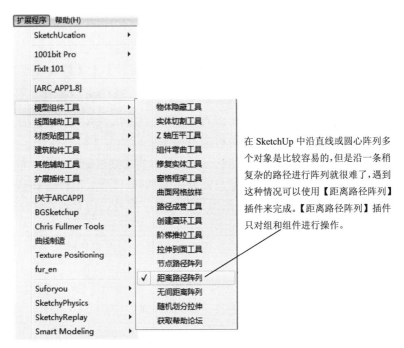

在 SketchUp 中沿直线或圆心阵列多个对象是比较容易的,但是沿一条稍复杂的路径进行阵列就很难了,遇到这种情况可以使用【距离路径阵列】插件来完成。【距离路径阵列】插件只对组和组件进行操作。

图 9-4 【距离路径阵列】插件

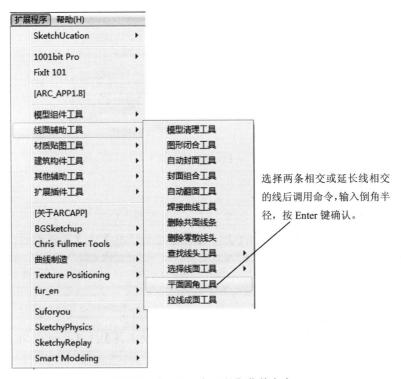

选择两条相交或延长线相交的线后调用命令,输入倒角半径,按 Enter 键确认。

图 9-5 【平面圆角工具】菜单命令

9.1.3　课堂练习——绘制假山

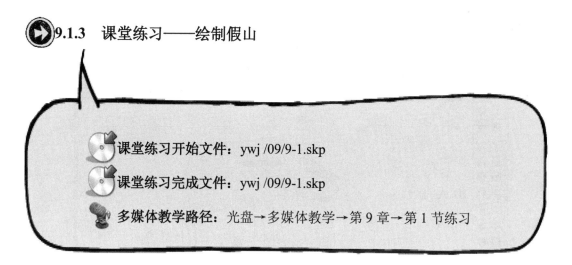

課堂练习开始文件：ywj /09/9-1.skp

课堂练习完成文件：ywj /09/9-1.skp

多媒体教学路径：光盘→多媒体教学→第 9 章→第 1 节练习

Step1 新建文件，绘制山体侧边轮廓，如图 9-6 所示。

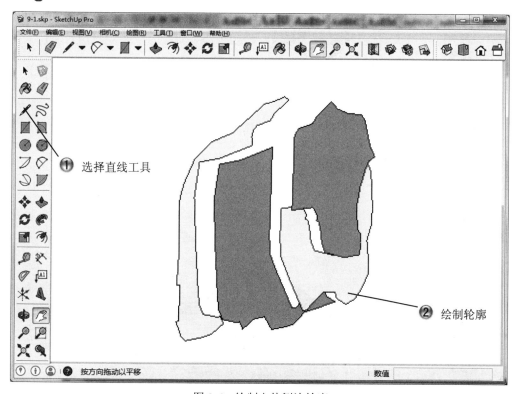

图 9-6　绘制山体侧边轮廓

Step2 推拉山体模型，如图 9-7 所示。

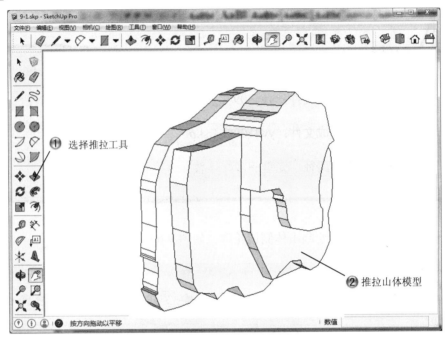

图 9-7　推拉山体厚度

Step3 使用相同方法，绘制其他山体模型，如图 9-8 所示。

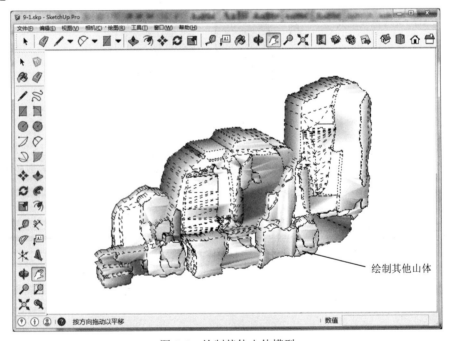

图 9-8　绘制其他山体模型

Step4 选择【圆弧】工具，绘制圆弧，如图 9-9 所示。

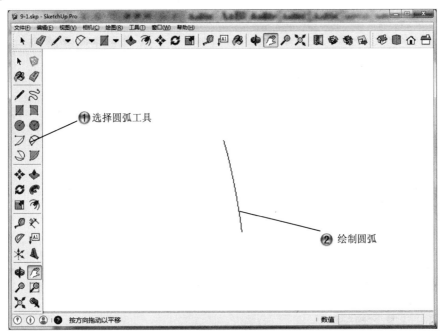

图 9-9　绘制圆弧

Step5 应用拉线成面工具，绘制模型，如图 9-10 所示。

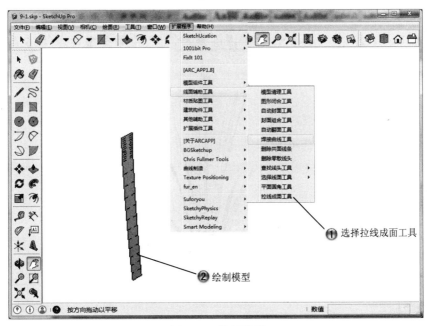

图 9-10　绘制模型

!**Step6** 缩放模型，如图 9-11 所示。

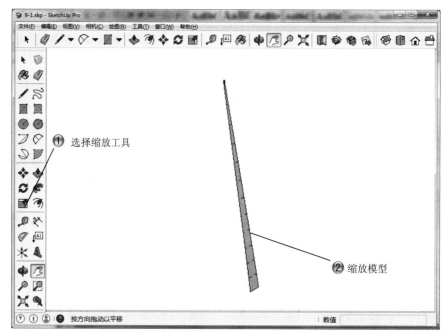

图 9-11　缩放模型

!**Step7** 运用相同方法，绘制花草，如图 9-12 所示。

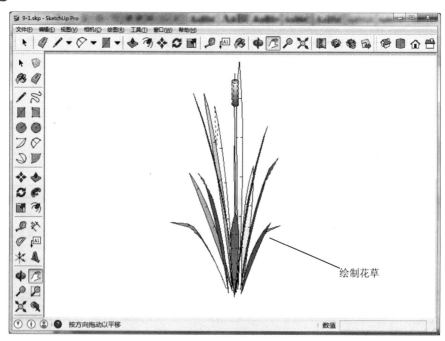

图 9-12　绘制花草

Step8 选择【材质】工具，打开【材质】编辑器，选择【01jpg.文件】，如图 9-13 所示。

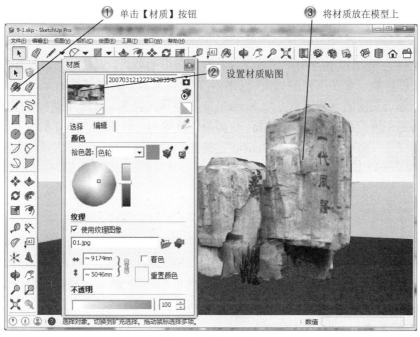

图 9-13　材质编辑器

Step9 这样绘制完成假山，最终效果如图 9-14 所示。

图 9-14　绘制完成假山

9.2 渲染设计

虽然直接从 SketchUp 导出的图片已经具有比较好的效果，但是如果想要获得更具有说服力的效果图，就需要在模型的材质以及空间的光影关系方面进行更加深入的刻画。

以往处理效果图的方法通常是将 SketchUp 模型导入到 3ds Max 中调整模型的材质，然后借助当前的主流渲染器 VRay for Max 获得商业效果图，但是这一环节制约了设计师对细节的掌控和完善，而一款能够和 SketchUp 完美兼容的渲染器成为设计人员的渴望。在这种情况下，VRay for SketchUp 诞生了。

基本概念

VRay 作为一款功能强大的全局光渲染器，可以直接安装在 SketchUp 软件中，能够在 SketchUp 中渲染出照片级别的效果图。其应用在 SketchUp 中的时间并不长，2007 年推出了它的第 1 个正式版本 VRay for SketchUp 1.0。后来，ASGVIS 公司根据用户反馈意见不断完善 VRay，现在已经升级到 VRay for SketchUp 1.49。

课堂讲解课时：2 课时

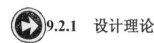

9.2.1 设计理论

VRay for SketchUp 特征概述如下。

> **1. 优秀的全局照明（GI）**
> 传统的渲染器在应付复杂的场景时，必须花费大量时间来调整不同位置的多个灯光，以得到均匀的照明效果。而全局光照明则不同，它用一个类似于球状的发光体包围整个场景，让场景的每一个角落都能受到光线的照射。VRay 支持全局照明，而且与同类渲染程序相比，效果更好，速度更快。不放置任何灯光的场景，VRay 利用 GI 就可以计算出比较自然的光线效果。
>
> **2. 超强的渲染引擎**
> VRay for SketchUp 提供了 4 种渲染引擎：发光贴图、光子贴图、纯蒙特卡罗和灯光缓存，每个渲染引擎都有各自的特性，计算方法不一样，渲染效果也不一样。用户可以根据场景的大小、类型和出图像素要求以及出图品质要求来选择合适的渲染引擎。

3. 支持高动态贴图（HDRI）

一般的 24bit 图片从最暗到最亮的 256 阶无法完整表现真实世界中的真正亮度，例如户外的太阳强光就比白色要亮上百万倍。而高动态贴图 HDRI 是一种 32bit 的图片，它记录了某个场景的环境的真实光线，因此 HDRI 对亮度数值的真实描述能力就可以成为渲染程序用来模拟环境光源的依据。

4. 强大的材质系统

VRay for SketchUp 的材质功能系统强大且设置灵活。除了常见的漫射、反射和折射，还增加有自发光的灯光材质，另外还支持透明贴图、双面材质、纹理贴图以及凹凸贴图，每个主要材质层后面还可以增加第二层、第三层，来得到真实的效果。利用光泽度和控制也能计算如磨砂玻璃、磨砂金属以及其他磨砂材质的效果，更可以透过"光线分散"计算如玉石、蜡和皮肤等表面稍微透光的材质。默认的多个程序控制的纹理贴图可以用来设置特殊的材质效果。

5. 便捷的布光方法

灯光照明在渲染出图中扮演着最重要的角色，没有好的照明条件便得不到好的渲染品质。光线的来源分为直接光源和间接光源。VRay for SketchUp 的全方向灯（点光）、矩形灯、自发光物体都是直接光源；环境选项里的 GI 天光（环境光）、间接照明选项里的一、二次反射等都是间接光源。利用这些，VRay for SketchUp 可以完美的模拟出现实世界的光照效果。

6. 超快的渲染速度

比起 Brazil 和 Maxwell 等渲染程序，VRay 的渲染速度是非常快的。关闭默认灯光、打开 GI，其他都使用 VRay 默认的参数设置，就可以得到逼真的透明玻璃的折射、物体反射以及非常高品质的阴影。值得一提的是，几个常用的渲染引擎所计算出来的光照资料都可以单独存储起来，调整材质或者渲染大尺寸图片时可以直接导出而无需再次重新计算，可以节省很多计算时间，从而提高作图的效率。

7. 简单易学

VRay for SketchUp 参数较少、材质调节灵活、灯光简单而强大。只要掌握了正确的学习方法，多思考、勤练习，借助 VRay for SketchUp 很容易做出照明级别的效果图。

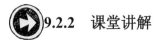

9.2.2　课堂讲解

1. 设置材质

首先要设置设置材质，可以用 Sketch Up【材质】编辑器的【提取材质】工具提取材质，V-Ray 材质面板会自动跳到该材质的属性上，并选择该材质，然后单击鼠标右键在弹出的菜单中执行【Create Layer（创建图层）】｜【Reflection（反射）】命令，如图 9-15 所示，并调整反射值，接着单击反射层后面的 M 符号，并在弹出的对话框中选择反射的模式，如图 9-16 所示，即可设置材质。

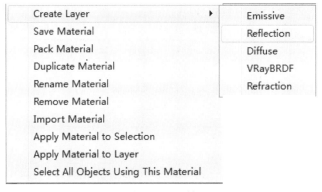

图 9-15　反射

图 9-16　选择菲涅尔选项

如果需要调整水纹材质，可将反射调整为较大数值，并单击 M 符号，接着在弹出的对话框中渲染【TexNoise（噪波）】模式，如图 9-17 和图 9-18 所示。

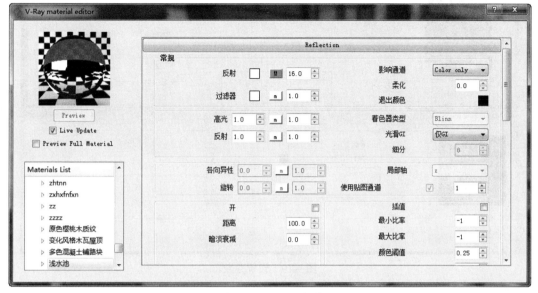

图 9-17　调整反射值

图 9-18　选择噪波模式

如果设置金属材质，用 Sketch UP【材质】对话框的【提取材质】工具 ✐，提取材质，VRay 材质面板会自动跳到该材质的属性上，并选择该材质，然后用鼠标右键单击在弹出的菜单中执行【创建材质层】 | 【反射】命令，金属材质有一定的模糊反射的效果，所以要把【高光】的光泽度调整为 0.8，【反射】的光泽度调整为 0.85，接着单击反射层后面的 M 号，并在弹出的对话框中选择【菲尼尔】的模式，将【折射 IOR】调整为 6，将【IOR】调整为 1.55，如图 9-19 所示，最后单击 OK 按钮。

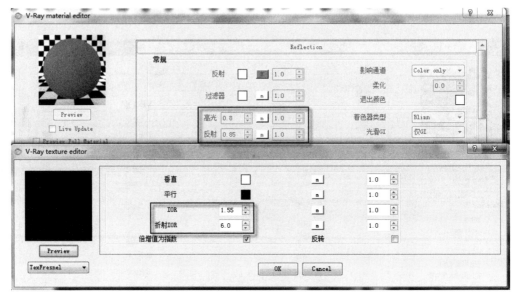

图 9-19　设置参数

2. 环境和灯光设置

下面进行 Environment（环境）设置，打开 V-Ray 渲染设置面板，如图 9-20 所示。

图 9-20　环境设置

进行全局光颜色的设置，如图 9-21 所示。

图 9-21　全局光颜色设置

进行背景颜色的设置，如图 9-22 所示。

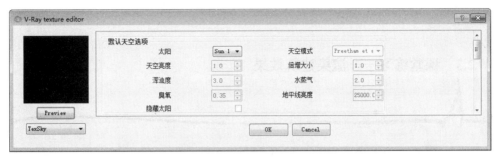

图 9-22　背景颜色设置

下面设置贴图对于环境的反映效果，将采样器类型更改为【自适应纯蒙特卡罗】，设置【最大细分】参数，提高细节区域的采样，然后将【抗锯齿过滤器】激活，并选择常用的 Catmull Rom 过滤器，如图 9-23 所示。

图 9-23　贴图参数设置

进一步细化贴图效果，修改【Irradiance map（发光贴图）】中的数值，设置【最小比率】参数和【最大比率】参数，如图 9-24 所示。

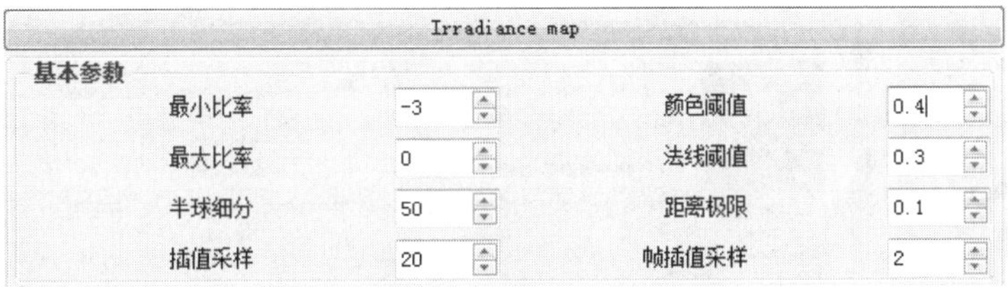

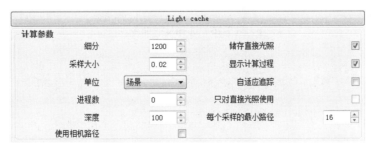

图 9-24　细化贴图参数设置

最后来设置灯光效果，这主要通过【Light cache（灯光缓存）】中将【细分】参数来进行，如图 9-25 所示。

图 9-25　灯光参数设置

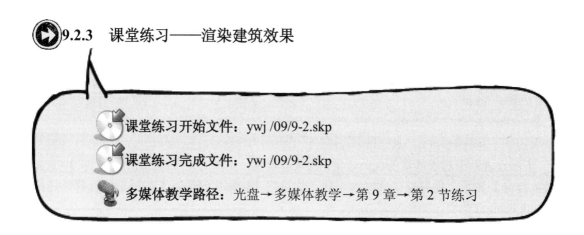

9.2.3　课堂练习——渲染建筑效果

　　课堂练习开始文件：ywj /09/9-2.skp

　　课堂练习完成文件：ywj /09/9-2.skp

　　多媒体教学路径：光盘→多媒体教学→第 9 章→第 2 节练习

！Step1 打开 9-2.skp 文件，提取材质，然后在 VRay 鼠标右键菜单中选择反射命令，如图 9-26 所示。

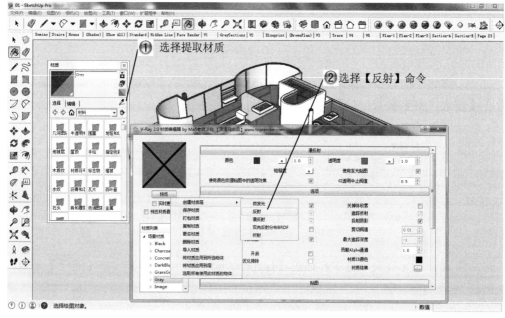

图 9-26　选择反射命令

Step2 在 VRay 贴图编辑器中设置菲涅耳参数，如图 9-27 所示。

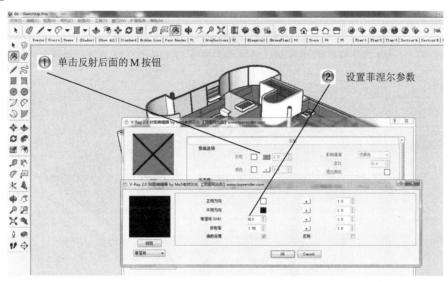

图 9-27　设置【菲涅耳】参数

Step3 设置金属材质，提取材质后设置反射的光泽度参数，然后设置菲涅耳的参数，如图 9-28 所示。

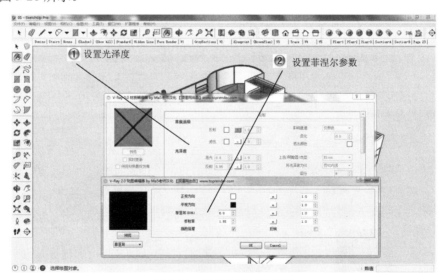

图 9-28　设置金属材质参数

金属漆的材质有一定的模糊反射的效果，所以要把高光的【光泽度】调整为 0.8，反射的【光泽度】调整为 0.85。

名师点拨

Step4 打开 V-Ray 渲染设置面板，设置环境，如图 9-29 所示。

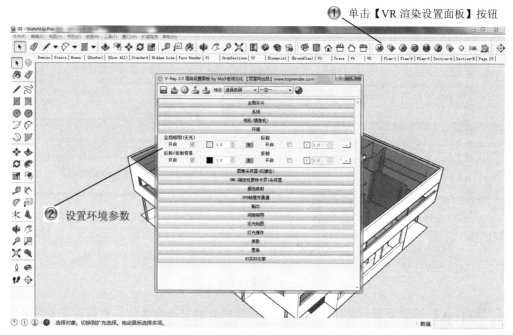

图 9-29　环境设置

Step5 设置全局光颜色，如图 9-30 所示。

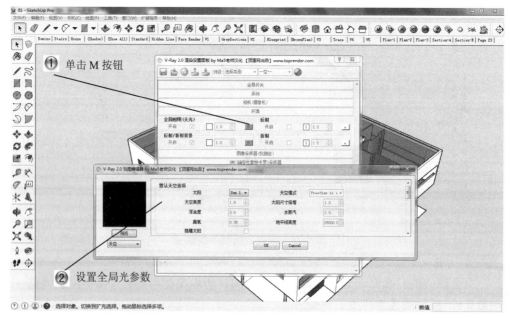

图 9-30　全局光颜色设置

Step6 更改采样器类型，设置参数，如图 9-31 所示。

将【最多细分】设置为 16，提高细节区域的采样，将【抗锯齿过滤器】激活，并选择常用的 Catmull Rom 过滤器

图 9-31　设置采样器参数

Step7 设置【纯蒙特卡罗采样器】参数，使图面噪波进一步减小，如图 9-32 所示。

纯蒙特卡罗采样器参数设置

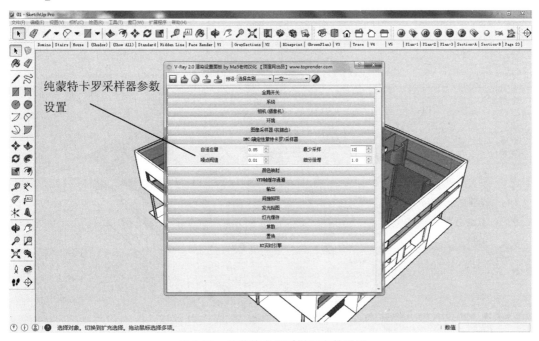

图 9-32　纯蒙特卡罗采样器参数设置

Step8 修改【发光贴图】中的数值，如图 9-33 所示。

设置发光贴图，将
其【最小比率】改
成-3，【最大比率】
改成 0

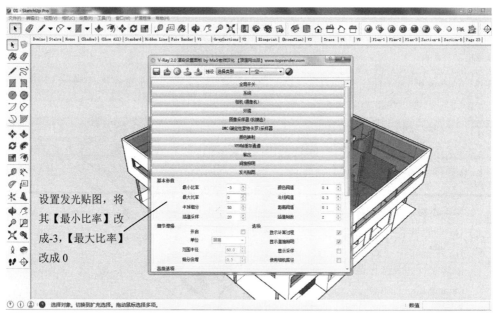

图 9-33　设置发光贴图

Step9 设置【灯光缓存】参数，如图 9-34 所示。

设置灯光缓存，将
【细分】修改成
1000

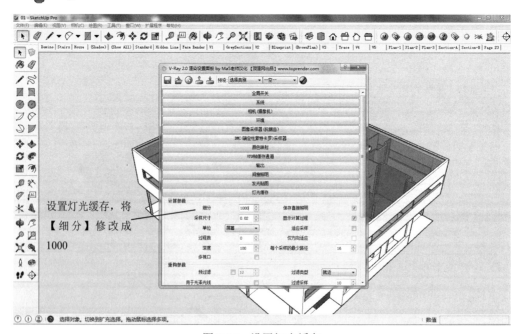

图 9-34　设置灯光缓存

Step10 设置完成后进行渲染，范例制作完成，最终效果如图 9-35 所示。

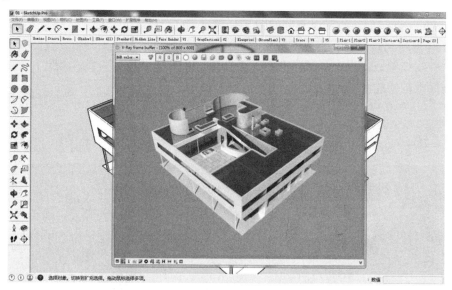

图 9-35　渲染效果

9.3　建筑效果后期处理

基本概念

效果图后期处理重点在于整个建筑真实再现，对周边环境的真实性要求较严谨，尽可能追求照片效果，这样就需要后期制作软件将大量的照片或图片元素融入到建筑模型效果中去。通常进行建筑效果后期处理主要使用的是 Photoshop 软件。

课堂讲解课时：2 课时

9.3.1　设计理论

实际上，Photoshop 的应用领域很广泛，在图像、图形、文字、视频、出版各方面都有涉及。Photoshop 在平面设计、修复照片、广告摄影、影像创意、网页制作、建筑效果图后期修饰、绘画、绘制或处理三维贴图、视觉创意等领域都被应用，是众多平面设计师的首选软件。

下面来来介绍一下使用 Photoshop 软件对建筑效果图片进行后期处理的方法，首先介绍 Photoshop 的工作界面。

启动 Photoshop 后，将可以看到如图 9-36 所示的界面。

通过图 9-75 可以看出，完整的操作界面由菜单栏、属性栏、工具箱、属性面板、操作文件与文件窗口组成。在实际工作当中，工具箱与面板使用较为频繁，因此下面重点讲解各工具与面板的功能及基本操作。

图 9-36　Photoshop CC 的操作界面

（1）菜单命令

Photoshop 共有 10 个菜单，每个菜单又有数个命令，因此 10 个菜单包含了上百个命令。虽然命令如此之多，但这些菜单是按主题进行组合的，例如，【选择】菜单中包含的是用于选择的命令；【滤镜】菜单中包含的是所有的滤镜命令等。

（2）属性栏

【属性栏】提供了相关工具的选项，当选择不同的工具时，属性栏中将会显示与工具相应的参数。利用属性栏，可以完成对各工具的参数设置。

（4）工具箱

【工具箱】中存放着用于创建和编辑图像的各种工具，使用这些工具可以进行选择、绘制、编辑、观察、测量、注释、取样等操作。

（5）属性面板

Photoshop 的属性面板有 24 个，每个属性面板都可以根据需要将其显示或隐藏。这些面板的功能各异，其中较为常用的是【图层】、【通道】、【路径】和【动作】等面板。

（6）操作文件

操作文件即当前工作的图像文件。在 Photoshop 中，可以同时打开多个操作文件。

如果打开了多个图像文件，可以通过单击【文件窗口】右上方的展开按钮 >> ，在弹出的文件名称下拉菜单中选择要操作的文件，如图 9-37 示。

图 9-37　在弹出的文件名称下拉菜单中选择要操作的文件

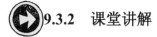 **9.3.2　课堂讲解**

1. 修剪图像

除了使用【工具箱】中的【裁剪工具】 進行裁切外，Photoshop 还提供了有较多选项的裁切方法，即【图像】|【裁切】菜单命令。使用此命令可以裁切图像的空白边缘，选择该命令后，将弹出【裁切】对话框，如图 9-38 所示。

使用此命令首先需要在【基于】
选项组选择一种裁切方式，以
确定基于某个位置进行裁切。

选中【透明像素】单选按钮，
则以图像中有透明像素的位
置为基准进行裁切。

在【裁切】选项组可以选择裁
切的方位，其中有【顶】、【左】、
【底】、【右】4 个复选框，如
果仅启用某一复选框，如【顶】
复选框，则在裁切时从图像顶
部开始向下裁切，而忽略其他
方位。

选中【左上角像素颜色】单选
按钮，则以图像左上角位置为
基准进行裁切。

选中【右下角像素颜色】单选
按钮，则以图像右下角位置为
基准进行裁切。

图 9-38　【裁切】对话框

如图 9-39 所示为原图像，如图 9-40 所示为使用此命令得到的效果，可以看出图像四周的透明区域已被修剪去。

图 9-39　原图像

图 9-40　裁切后的效果

2. 减淡工具

使用【减淡工具】　在图像中拖动，可将光标掠过处的图像色彩减淡，从而起到加亮的视觉效果，其属性栏如图 9-41 所示。

使用该工具需要在属性栏中选择合适的笔
刷，然后选择【范围】下拉列表框中的选
项，以定义减淡工具应用的范围。

【保护色调】：启用此复
选框可以使操作后图像
的色调不发生变化。

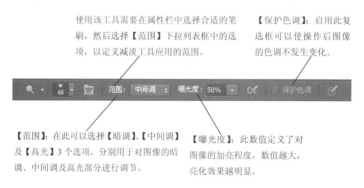

【范围】：在此可以选择【暗调】、【中间调】
及【高光】3 个选项，分别用于对图像的暗
调、中间调及高光部分进行调节。

【曝光度】：此数值定义了对
图像的加亮程度，数值越大，
亮化效果越明显。

图 9-41　【减淡工具】属性栏

如图 9-42 所示为原图，如图 9-43 所示为使用【减淡工具】 🔍 对建筑物及泳池进行操作，以突出显示其受光面的效果。

图 9-42　原图

图 9-43　减淡后的效果

3. 加深工具

【加深工具】 🔍 和【减淡工具】 🔍 相反，可以使图像中被操作的区域变暗，其属性栏及操作方法与【减淡工具】 🔍 的应用相同，故不再赘述。

如图 9-44 所示为原图，如图 9-45 所示为使用此工具加深后的效果，可以看出操作后的图像更具有立体感。

图 9-44　原图

图 9-45　加深后的效果

4. 为图像去色

选择【图像】|【调整】|【去色】菜单命令，可以去掉彩色图像中的所有颜色值，将其转换为相同颜色模式的灰度图像。

如图 9-46 所示为原图像和选择建筑图像并应用此命令去色后得到的效果。

图 9-46 原图像和应用【去色】命令处理后的效果

5. 反相图像

选择【图像】|【调整】|【反相】菜单命令，可以将图像的颜色反相。将正片黑白图像变成负片，或将扫描的黑白负片转换为正片，如图 9-47 所示。

图 9-47 原图及应用【反相】命令处理后的效果

6. 均化图像的色调

使用【图像】|【调整】|【色调均化】菜单命令可以对图像亮度进行色调均化，即在整个色调范围中均匀分布像素。如图 9-48 所示为原图像和为使用此命令后的效果图。

图 9-48　原图和应用【色调均化】命令处理后的效果

7. 制作黑白图像

选择【图像】|【调整】|【阈值】菜单命令，可以将图像转换为黑白图像。

在此命令弹出的【阈值】对话框中，所有比指定的阈值亮的像素会被转换为白色，所有比该阈值暗的像素会被转换为黑色，其对话框如图 9-49 所示。

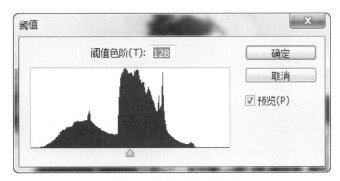

图 9-49　【阈值】对话框

如图 9-50 所示为原图像及对此图像使用【阈值】命令后得到的图像效果。

图 9-50　原图及应用【阈值】命令处理后的效果图

8. 使用【色调分离】命令

使用【色调分离】菜单命令可以减少彩色或灰阶图像中色调等级的数目。例如，如果将彩色图像的色调等级制定为 6 级，Photoshop 可以在图像中找出 6 种基本色，并将图像中所有颜色强制与这六种颜色匹配。

　　　　在【色调分离】对话框中，可以使用上下方向键来快速试用不同的色调等级。

名师点拨

此命令适用于在照片中制作特殊效果，例如制作较大的单色调区域，其操作步骤如下：
（1）打开图像素材。
（2）选择【图像】|【调整】|【色调分离】菜单命令，弹出如图 9-51 所示的【色调分离】对话框。

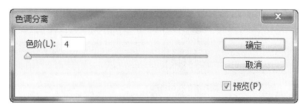

图 9-51　【色调分离】对话框

　　（3）在对话框中的【色阶】文本框中输入数值或拖动其下方的滑块，同时预览被操作图像的变化，直至得到所需要的效果时单击【确定】按钮。

如图 9-52 所示为原图像，如图 9-53 所示为使用【色阶】数值为 4 时所得到效果，如图 9-54 所示为使用【色阶】数值为 10 时所得到效果，如图 9-55 所示为使用【色阶】数值为 50 时所得效果。

图 9-52　原图像

图 9-53　【色阶】数值为 4

图 9-54　【色阶】数值为 10

图 9-55　【色阶】数值为 50

9. 仿制图章工具

选择【仿制图章工具】![icon]后，其属性栏如图 9-56 所示。

【对齐】：在该复选框被启用的状态下，整个取样区域仅应用一次，即使操作由于某种原因而停止，再次继续使用仿制图章工具进行操作时，仍可从上次结束操作时的位置开始。反之，如果未启用此复选框，则每次停止操作再继续绘画时，都将从初始参考点位置开始应用取样区域，因此在操作过程中，参考点与操作点间的位置与角度关系处于变化之中，该选项对于在不同的图像上应用图像的同一部分的多个副本很有用。

【绘图板压力控制大小】按钮：在使用绘图板进行涂抹时，选中此按钮后，将可以依据给予绘图板的压力控制画笔的尺寸。

【绘图板压力控制不透明度】按钮：在使用绘图板进行涂抹时，选中此按钮后，将可以依据给予绘图板的压力控制画笔的不透明度。

【样本】：在其下拉列表框中可以选定定义源图像时所取的图层范围，其中包括了【当前图层】、【当前和下方图层】以及【所有图层】3 个选项，从其名称上便可以轻松理解在定义样式时所使用的图层范围。

【打开以在仿制时忽略调整图层】按钮：在【样本】下拉列表框中选择了【当前和下方图层】或【所有图层】时，该按钮将被激活，按下以后将在定义源图像时忽略图层中的调整图层。

图 9-56 【仿制图章工具】属性栏

11. 图案图章工具

使用【图案图章工具】可以将自定义的图案内容复制到同一幅图像或其他图像中，该工具的使用方法与仿制图章工具相似，不同之处在于在使用此工具之前要先定义一个图案。

下面通过一个名为"枫叶"的图形效果来熟悉图案图章工具的使用方法。

（1）新建一个文件，用【画笔工具】在画布上绘制一些枫叶，如图 9-57 所示。

图 9-57　绘制出的枫叶

（2）在工具箱中单击【矩形选框工具】按钮，然后将绘制的枫叶框选，选择【编辑】|【定义图案】菜单命令，在打开的【图案名称】对话框中输入名称"枫叶"，如图 9-58 所示，单击【确定】按钮，保存设置。

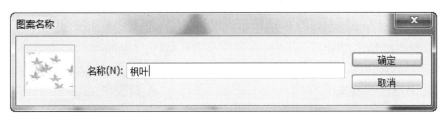

图 9-58　【图案名称】对话框参数设置

（3）在【工具箱】中单击【图案图章工具】 ，在【属性栏】的图案下拉列表中选中刚才定义的图案，在绘图区域中拖动鼠标进行绘制，最终完成的效果如图 9-59 所示。

图 9-59　最终效果

10. 优化调整图像的亮度与对比度

选择【图像】|【调整】|【亮度 / 对比度】菜单命令，弹出如图 9-60 所示的【亮度 / 对比度】对话框，在此命令的对话框中可以直接调节图像的对比度与亮度。

要增加图像的亮度，可将【亮度】滑块向右拖动，反之向左拖动。

要增加图像的对比度，将【对比度】滑块向右拖动，反之向左拖动。

启用【使用旧版】复选框，可以使用 Photoshop CS6 版本以前的【亮度 / 对比度】命令来调整图像，而默认情况下，则使用新版的功能进行调整。

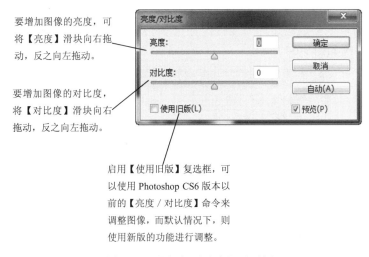

图 9-60　【亮度/对比度】对话框

如图 9-61 所示为原图，如图 9-62 所示为增加图像的亮度和对比度的效果。

图 9-61　原图像　　　　　　　　　图 9-62　调整【亮度/对比度】的效果

新版命令在调整图像时，将仅对图像的亮度进行调整，而色彩的对比度则保持不变，如图 9-63 所示。

　　原图像　　　　　　　　　用新版处理后的效果　　　　　　　　旧版处理后的效果

图 9-63　新旧版本处理的不同效果

11. 优化平衡图像的色彩

选择【图像】|【调整】|【色彩平衡】菜单命令，可用于对偏色的数码照片进行色彩校正，校正时可以根据数码照片的 阴影、中间调、高光等区域分别进行精确的颜色调整，【色彩平衡】对话框如图 9-64 所示。

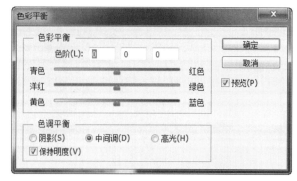

图 9-64　【色彩平衡】对话框

此命令使用较为简单，操作步骤如下。

（1）打开任一张图像，选择【图像】|【调整】|【色彩平衡】菜单命令。

（2）在【色调平衡】选项组中选择需要调整的图像色调区，例如要调整图像的暗部，则应选中【阴影】单选按钮。

（3）拖动 3 个滑轨上的滑块调节图像，例如要为图像增加红色，向右拖动【红色】滑块，拖动的同时要观察图像的调整效果。

（4）得到满意效果后，单击【确定】按钮即可。

色彩平淡的照片应用【色彩平衡】命令后的对比效果如图9-65所示。

图 9-65　应用【色彩平衡】效果前后对比

12. 优化调整图像色调

选择【图像】|【调整】|【变化】菜单命令，打开【变化】对话框，如图 9-66 所示，在此可以直观地调整图像或选区的色相、亮度和饱和度。

原稿、当前挑选：在第一次打开该对话框的时候，这两个缩略图完全相同；调整后，当前挑选缩略图显示为调整后的状态。

【阴影】、【中间调】、【高光】与【饱和度】：选中对应的单选按钮，可分别调整图像中该区域的色相、亮度与饱和度。

【精细 / 粗糙】：拖动该滑块可确定每次调整的数量，将滑块向右侧移动一格，可使调整度双倍增加。

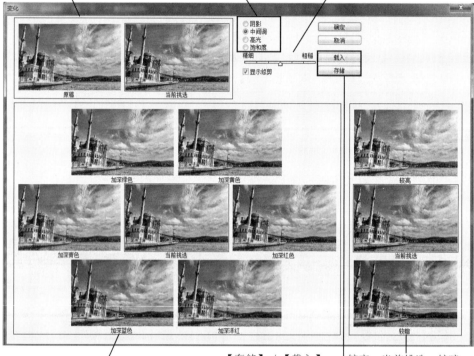

调整色相：对话框左下方有 7 个缩略图，中间的当前挑选缩略图与左上角的当前挑选缩略图的作用相同，用于显示调整后的图像效果。另外 6 个缩略图分别可以用来改变图像的 RGB 和 CMY6 种颜色，单击其中任意缩略图，均可增加与该缩略图对应的颜色。例如，单击加深绿色缩略图，可在一定程度上增加绿色，按需要可以单击多次，从而得到不同颜色的效果。

【存储】 / 【载入】：单击【存储】按钮，可以将当前对话框的设置保存为一个.AVA 的文件。

如果在以后的工作中遇到需要进行同样调整的图像，可以在此对话框中单击【载入】按钮，调出该文件以设置此对话框。

较亮、当前挑选、较暗：分别单击较亮、较暗两个缩略图，可以增亮或加暗图像，【当前挑选】缩略图显示当前调整的效果。

图 9-66 【变化】对话框

如图 9-67 所示为原图，如图 9-68 所示为应用【变化】命令调整后的效果。

图 9-67　原图

图 9-68　应用【变化】命令后的效果

13. 图像优化调整自然饱和度

【图像】|【调整】|【自然饱和度】菜单命令用于调整图像的饱和度，使用此命令调整图像时可以使图像颜色的饱和度不会溢出，换言之，此命令可以仅调整与已饱和的颜色相比那些不饱和的颜色的饱和度。

选择【图像】|【调整】|【自然饱和度】命令后，弹出【自然饱和度】对话框，如图 9-69 所示。

拖动【自然饱和度】滑块可以调整与已饱和的颜色相比那些不饱和的颜色的饱和度，从而获得更加柔和自然的图像饱和度效果。

拖动【饱和度】滑块可以调整图像中所有颜色的饱和度，使所有颜色获得等量饱和度调整，因此使用此滑块可能导致图像的局部颜色过饱和。

图 9-69　【自然饱和度】对话框

使用此命令调整景观照片时，可以防止景观的色彩过度饱和。

如图 9-70 所示的是原图像，图 9-71 所示是使用此命令调整后的效果，图 9-72 所示则是使用【色相／饱和度】命令提高图像饱和度的效果，对比可以看出此命令在调整颜色饱和度方面的优势。

图 9-70　原图像

图 9-71　【自然饱和度】调整的结果

图 9-72　【色相/饱和度】调整的结果

14. 图像编辑

后期图像编辑主要使用几个常用的图像参数调整命令，下面介绍一下。

（1）【色阶】命令

【图像】｜【调整】｜【色阶】菜单命令是一个功能非常强大的调整命令，使用此命令可以对图像的色调、亮度进行调整。选择【图像】｜【调整】｜【色阶】菜单命令，将弹出如图 9-73 所示的【色阶】对话框。

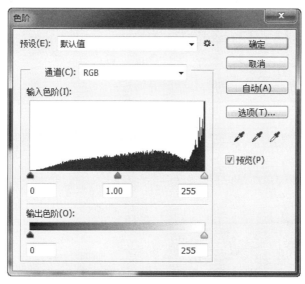

图 9-73 【色阶】对话框

下面详细介绍各参数及命令的使用方法。

- 【通道】：在【通道】下拉列表框中可以选择一个通道，从而使色阶调整工作基于该通道进行，此处显示的通道名称依据图像颜色模式而定，RGB 模式下是示红、绿、蓝，CMYK 模式下显示青色、洋红、黄色、黑色。

- 【输入色阶】：设置【输入色阶】文本框中的数值或拖动其下方的滑块，可以对图像的暗色调、高亮色和中间色的数值进行调节。向右侧拖动黑色滑块，可以降低图像的亮度使图像整体发暗。如图 9-74 所示为原图像及对应的【色阶】对话框，如图 9-75 所示为向右侧拖动黑色滑块后的图像效果及对应的【色阶】对话框。向左侧拖动白色滑块，可提高图像的亮度使图像整体发亮，如图 9-76 所示为向左侧拖动白色滑块后的图像效果及对应的色阶对话框。对话框中的灰色滑块代表图像的中间色调。

图 9-74　原图像及【色阶】对话框

图 9-75　向右拖动黑色滑块后的图像效果及【色阶】对话框

图 9-76　向左侧拖动白色滑块后的图像效果及【色阶】对话框

- 【输出色阶】：设置【输出色阶】文本框中的数值或拖动其下方的滑块，可以减少图像的白色与黑色，从而降低图像的对比度。向右拖动黑色滑块可以减少图像中的暗色调从而加亮图像；向左拖动白色滑块，可以减少图像中的高亮色，从而加暗图像。
- 【黑色吸管】 🖋：使用该吸管在图像中单击，Photoshop 将定义单击处的像素为黑点，并重新分布图像的像素，从而使图像变暗。如图 9-77 所示为黑色吸管单击处，如图 9-78 所示为单击后的效果，可以看出整体图像变暗。

图 9-77　黑色吸管单击处

图 9-78　单击后的效果

- 【灰色吸管】 🖋：使用此吸管单击图像，可以从图像中减去此单击位置的颜色，从而校正图像的色偏。
- 【白色吸管】 🖋：与黑色吸管相反，Photoshop 将定义使用白色吸管单击处的像素为白点，并重新分布图像的像素值，从而使图像变亮。如图 9-79 所示为白色吸管单击处，如图 9-80 所示为单击后的效果，可以看出整体图像变亮。

图 9-79　白色吸管单击处

图 9-80　单击后的效果

- 单击【预设选项】按钮 ，在弹出的下拉菜单中选择【存储预设】/
  【载入预设】选项，打开【存储】/【载入】对话框，单击【存储】按
  钮，可以将当前对话框的设置保存为一个*．alv 文件，在以后的工作
  中如果遇到需要进行同样设置的图像，单击【载入】按钮，调出该文
  件，以自动使用该设置。
- 【自动】：单击该按钮，Photoshop 可根据当前图像的明暗程度自动调
  整图像。
- 【选项】：单击该按钮，弹出【自动颜色校正选项】对话框，设置各项
  参数，单击【确定】按钮可以自动校正颜色。如图 9-81 所示。

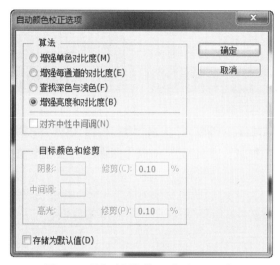

图 9-81 【自动颜色校正选项】对话框

（2）【曲线】命令

与【色阶】命令调整方法一样，使用【曲线】命令可以调整图像的色调与明暗度，与
【色阶】命令不同的是，【曲线】命令可以精确调整高光、阴影和中间调区域中任意一点的
色调与明暗度。

选择【图像】|【调整】|【曲线】菜单命令，将显示如图 9-82 所示的【曲线】对
话框。

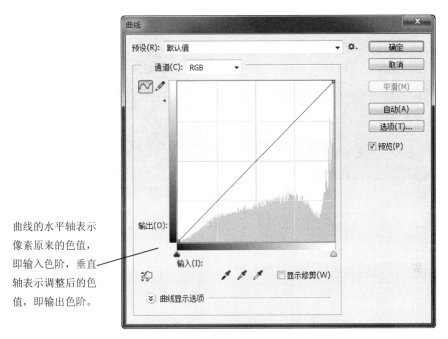

曲线的水平轴表示像素原来的色值，即输入色阶，垂直轴表示调整后的色值，即输出色阶。

图 9-82 【曲线】对话框

在【曲线】对话框中使用鼠标将曲线向上调整到如图 9-83 所示的状态来提高亮度，得到如图 9-84 所示的效果。

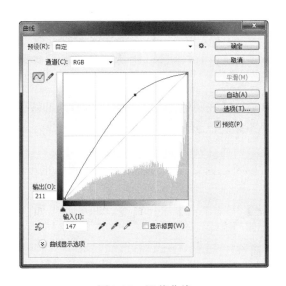

图 9-83 调节曲线

图 9-84　原图和调整的效果

使用鼠标将曲线向下调整到如图 9-85 所示的状态来增强暗面，得到如图 9-86 所示的效果。

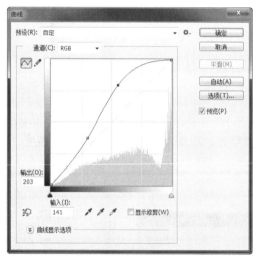

图 9-85　向下调整曲线

图 9-86　调整的效果

使用【曲线】对话框中的【在图像上单击并拖动可修改曲线】按钮，可以在图像中通过拖动的方式快速调整图像的色彩及亮度。

（3）【黑白】命令

使用【黑白】命令可以将图像处理成为灰度图像效果，也可以选择一种颜色，将图像处理成为单一色彩的图像。

选择【图像】|【调整】|【黑白】菜单命令，即可调出如图 9-87 所示的【黑白】对话框。

（4）【色相/饱和度】命令

使用【色相/饱和度】命令不仅可以对一幅图像进行【色相】、【饱和度】和【明度】的调节，还可以调整图像中特定颜色成分的色相、饱和度和亮度，还可以通过【着色】选项将整个图像变为单色。

【预设】：在此下拉列表中，可以选择 Photoshop 自带的多种图像处理方案，从而将图像处理成为不同程度的灰度效果。

颜色设置：在对话框中间的位置，存在着 6 个滑块，分别拖动各个滑块，即可对原图像中对应色彩的图像进行灰度处理。

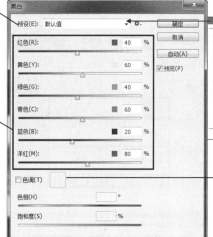

【色调】：启用该复选框后，对话框底部的 2 个色条及右侧的色块将被激活，如图 9-88 所示。其中 2 个色条分别代表了【色相】与【饱和度】，在其中调整出一个要叠加到图像上的颜色，即可轻松地完成对图像的着色操作；也可以直接单击右侧的颜色块，在弹出的【拾色器】对话框中选择一个需要的颜色。如图 9-89 所示为原图和调整后的效果。

图 9-87　【黑白】对话框

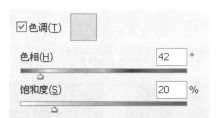

图 9-88　激活后的色彩调整区

图 9-89　原图像和调整后的效果

选择【图像】|【调整】|【色相/饱和度】菜单命令，弹出如图 9-90 所示的【色相/饱和度】对话框。对话框中各参数详细介绍如下：

【全图】：单击此选项后
的下拉按钮在弹出的下
拉列表中可以选择要调
整的颜色范围。

【色相】、【饱和度】、【明
度】滑块：拖曳对话框中
的 色 相 (范 围 ： -180 ～
+180)、 饱 和 度 (范 围 ：
-100～+10)和明度(范围：
-100～+100)滑块，或在其
文本框中输入数值，可以
分别调整图像的色相、饱
和度及明度。

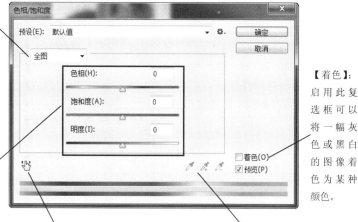

【着色】：
启用此复
选框可以
将一幅灰
色或黑白
的图像着
色为某种
颜色。

【在图像上单击并拖动可修改饱和度】
按钮：在对话框中选中此工具后，在
图像中单击某一种，并在图像中向左或
向右拖动，可以减少或增加包含所单击
像素的颜色范围的饱和度，如果存执行
此操作时按住 Ctrl 键，则左右拖动可以
改变相应区域的色相。

【吸管】：选择【吸管工具】在图像中
单击，可选定一种颜色作为调整的范
围。选择添加到取样工具 在图像中
单击，可以在原有颜色变化范围上增加
当前单击的颜色范围。选择从取样中减
去工具 在图像中单击，可以在原有
颜色变化范围上减去当前单击的颜色
范围。

图 9-90 【色相/饱和度】对话框

如图 9-91 所示为在 全图 下拉列表框中选择【黄色】并调整前后的效果对比。

图 9-91 应用【色相/饱和度】命令前后的效果对比

（5）【渐变映射】命令

使用【图像】|【调整】|【渐变映射】菜单命令可以将指定的渐变色映射到图像的全部色阶中，从而得到一种具有彩色渐变的图像效果，此命令的【渐变映射】对话框如图 9-92 所示。

此命令的使用方法比较简单，只需在对话框中选择合适的渐变类型即可。如果需要反转渐变，可以启用【反向】复选框。

图 9-92 【渐变映射】对话框

如图 9-93 所示为黑白照片应用渐变映射后得到的浅色效果。

图 9-93 黑白照片及应用【渐变映射】命令后的效果

（6）【照片滤镜】命令

【图像】|【调整】|【照片滤镜】菜单命令用于模拟传统光学滤镜特效，它能够使照片呈现暖色调、冷色调及其他颜色的色调，打开一幅需要调整的照片并选择此命令后，弹出如图 9-94 所示的【照片滤镜】对话框。

【滤镜】：在该下拉列表框中选择预设的选项，对图像进行调节。

【颜色】：单击该色块，并使用【拾色器】为自定义颜色滤镜指定颜色。

【浓度】：拖动滑块以调整此命令应用于图像中的颜色量。

【保留明度】：启用该复选框，可在调整颜色的同时保持原图像的亮度。

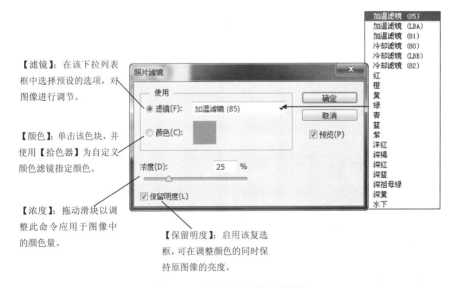

图 9-94 【照片滤镜】对话框

如图 9-95 所示为原图像和经过调整照片的色调使其出现偏暖的效果。

图 9-95　原图像和色调偏暖效果

（7）【阴影/高光】命令

【阴影 / 高光】命令专门用于处理在摄影中由于用光不当而出现局部过亮或过暗的照片。选择【图像】|【调整】|【阴影 / 高光】菜单命令，弹出如图 9-96 所示的【阴影/高光】对话框。

【阴影】：在此拖动【数量】滑块或在此文本框中输入相应的数值，可改变暗部区域的明亮程度，其中数值越大或滑块的位置越偏向右侧，则调整后的图像的暗部区域也相应越亮。

【高光】：在此拖动【数量】滑块或在此文本框中输入相应的数值，即可改变高亮区域的明亮程度，其中数值越大或滑块的位置越偏向右侧，则调整后图像的高亮区域也会相应越暗。

图 9-96　【阴影/高光】对话框

如图 9-97 所示的为原图像和应用该命令后的效果。

图 9-97　原图像和【阴影/高光】使用后效果

（8）HDR 色调

在 Photoshop 中，如果针对一张照片进行 HDR 合成的命令，选择【图像】｜【调整】
｜【HDR 色调】菜单命令，其【HDR 色调】对话框如图 9-98 所示。

观察这个对话框就可以
看出，与其他大部分图
像调整命令相似，此命
令也提供了预设调整功
能，选择不同的预设能
够调整得到不同的 HDR
照片结果。

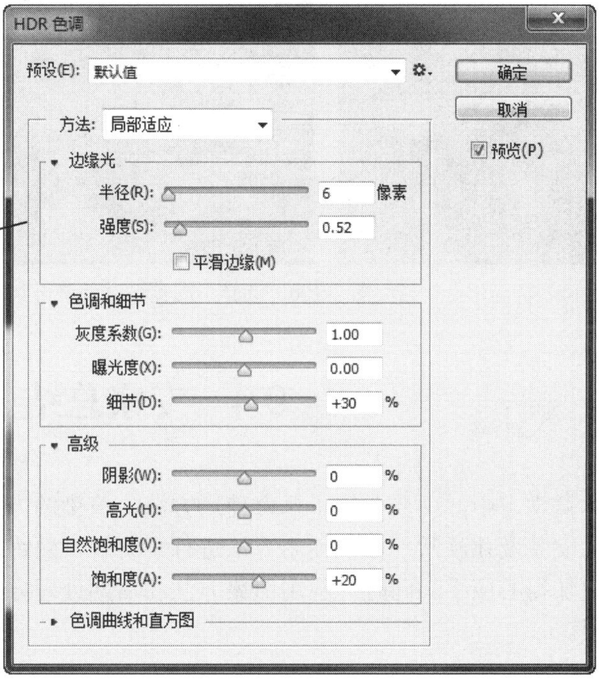

图 9-98　【HDR 色调】对话框

以如图 9-99 所示的原图像为例，如图 9-100 所示就是几种不同的调整效果。

图 9-99　原图像

图 9-100   选择不同预设时调整得到的效果

9.4   专家总结

在本章学习中，主要介绍了插件使用方法、渲染的方法和后期处理方法，其中主要对于插件的安装及几款常用插件使用方法进行了讲解，熟练运用这些插件，可以帮助我们在建模时更加得心应手。同时，应用渲染方法和后期处理方法，可以使我们得到更加真实的建筑效果。

9.5   课后习题

9.5.1   填空题

（1）SketchUp 的插件也称为脚本（Script），它是用_____语言编制的实用程序，通常程序文件的后缀名为_____。

（2）【拉线成面工具】插件不但可以对一个平面上的线进行挤压，而且对_____曲线同样适用。

（3）使用【减淡工具】在图像中拖动，可将光标掠过处的图像色彩减淡，从而起到_____的视觉效果。

（4）【自然饱和度】命令调整景观照片时，可以防止景观的色彩_____。

9.5.2   问答题

（1）【色调分离】命令有何作用和效果？

（2）【曲线】命令与【色阶】命令的区别是什么？

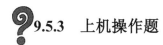

9.5.3　上机操作题

如图 9-101 所示，使用本章学过的插件命令来创建公园座椅模型。

一般创建步骤和方法：

（1）绘制座椅板模型。

（2）绘制两端支撑模型。

（3）使用插件进行倒圆处理。

（4）设置材质完成模型。

图 9-101　公园座椅模型

第 10 章 设计课堂综合范例

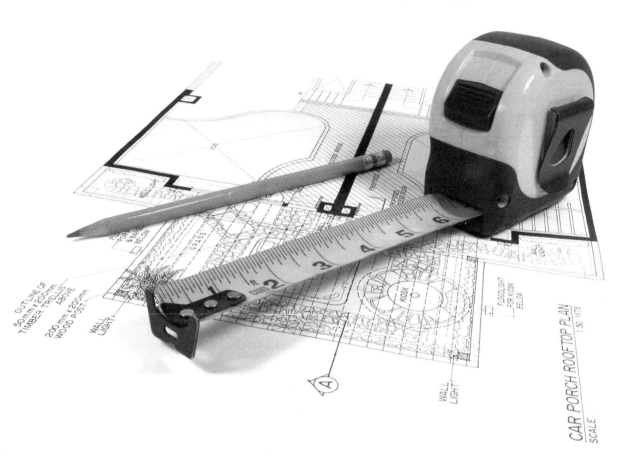

	内　容	掌握程度	课　时
课训目标	建筑效果设计	熟练运用	2
	景观效果设计	熟练运用	2

课程学习建议

    SketchUp 为设计师提供了非常丰富的组件素材，SketchUp 的图纸风格也比较清新自然，很容易达到手绘的效果，在建筑设计和景观设计中的应用非常普遍。本章就在前面学习了 SketchUp 各功能命令的基础上，以一个建模设计和一个景观设计的综合范例，系统介绍从建模到渲染模型直至最终成图的一系列步骤，帮助大家综合提升运用 SketchUp 各种工具命令的能力。

    本章主要是帮助大家温故前面所学的知识，提高综合运用 SketchUp 各种工具命令的能力，并在这个过程中掌握更深层次的建模深度及要求，本章培训课程表如下。

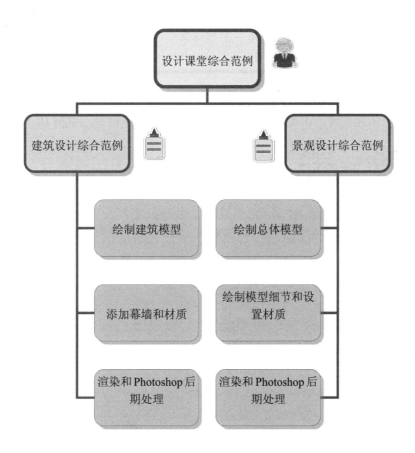

10.1 建筑设计综合范例

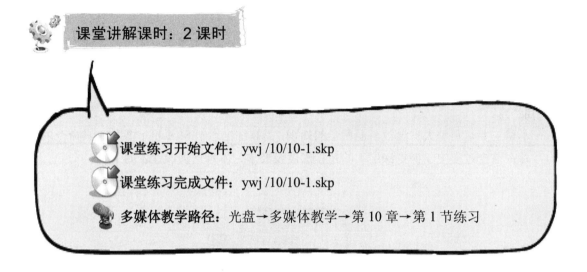

课堂讲解课时：2 课时

课堂练习开始文件：ywj /10/10-1.skp

课堂练习完成文件：ywj /10/10-1.skp

多媒体教学路径：光盘→多媒体教学→第 10 章→第 1 节练习

Step1 新建文件，绘制矩形，将四角删除形成底座轮廓，如图 10-1 所示。

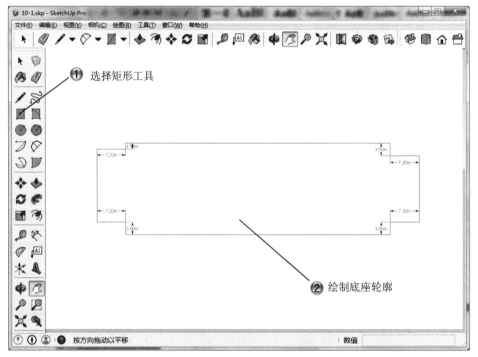

① 选择矩形工具

② 绘制底座轮廓

图 10-1 绘制底座轮廓

Step2 做出辅助线及图形尺寸后，绘制圆形结构柱轮廓，如图 10-2 所示。

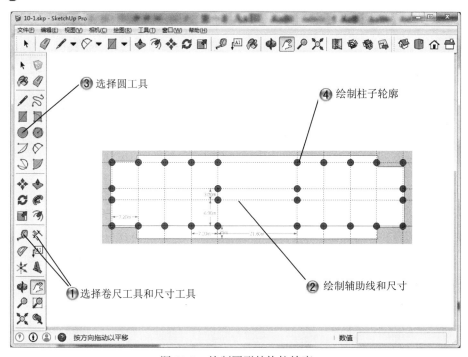

图 10-2　绘制圆形结构柱轮廓

Step3 将圆形柱向上推拉 9.8m，并推拉出底座，如图 10-3 所示。

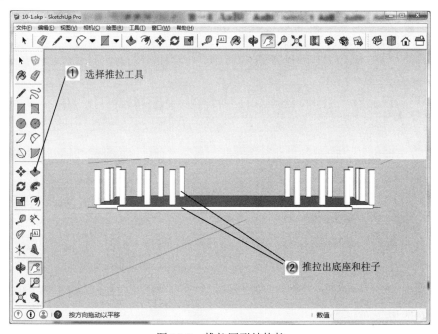

图 10-3　推拉圆形结构柱

Step4 将中心圆形向上推拉 10m，如图 10-4 所示。

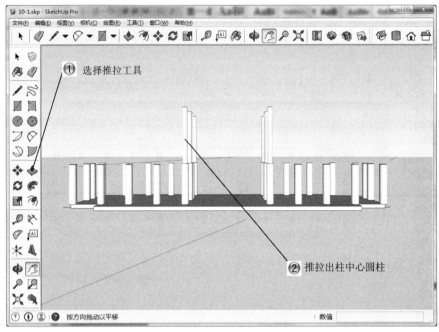

图 10-4　推拉中心圆形结构柱

Step5 绘制矩形并向上推拉 1m，绘制出楼层板，如图 10-5 所示。

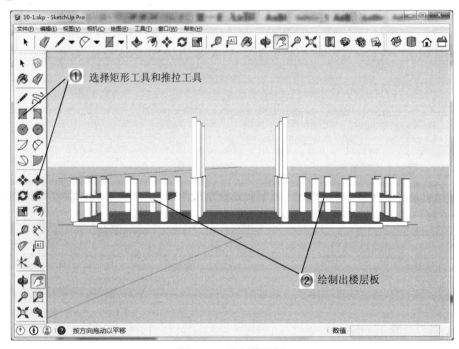

图 10-5　绘制楼层板

Step6 绘制矩形作为首层外框，如图 10-6 所示。

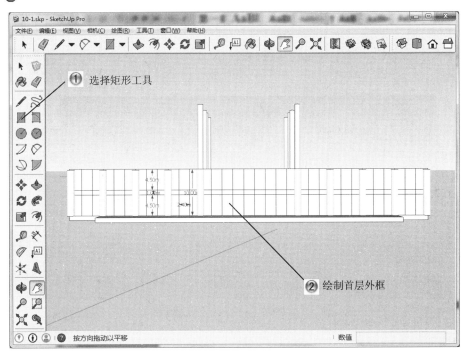

图 10-6　绘制首层外框

Step7 复制创建其余楼层板，如图 10-7 所示。

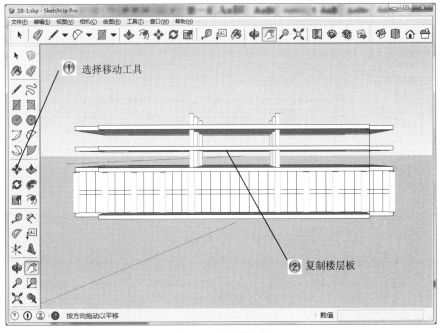

图 10-7　绘制楼层板

Step8 绘制长 0.5m 宽 0.5m 的矩形后推拉 10.85m，创建装饰框竖板，如图 10-8 所示。

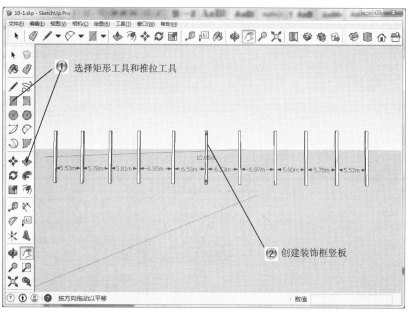

图 10-8　绘制装饰框竖板

Step9 绘制装饰框斜拉板后复制，创建完成装饰框，如图 10-9 所示。

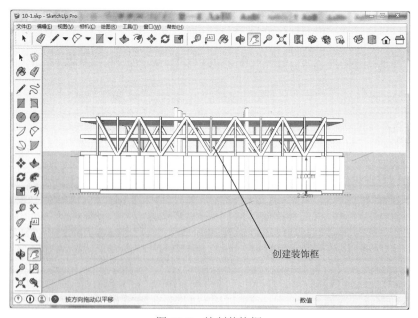

图 10-9　绘制装饰框

Step10 使用前面方法做出 2、3、4 层模型，高度分别为 5m、5m、4m，如图 10-10 所示。

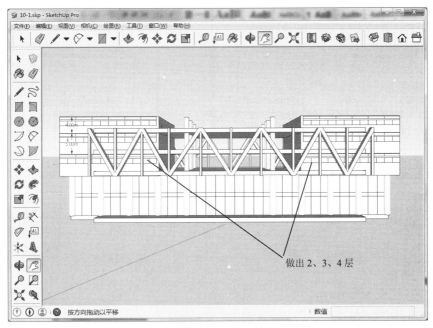

图 10-10　绘制其余楼层

Step11 使用矩形工具绘制上面的外墙线，如图 10-11 所示。

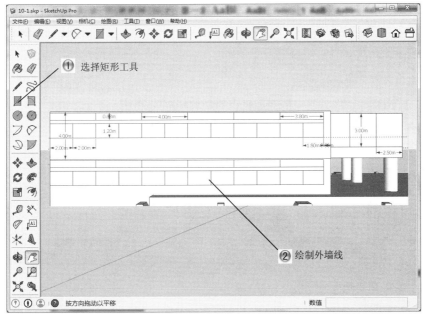

图 10-11　绘制外墙线

Step12 将外墙线向上复制 1 组，输入 X10，左右侧使用相同方法，如图 10-12 所示。

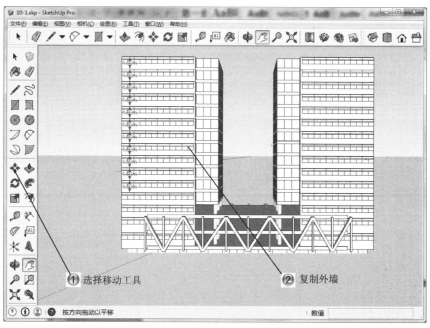

图 10-12　复制外墙

Step13 绘制矩形后向上推拉 0.95m，绘制楼层通道底板，如图 10-13 所示。

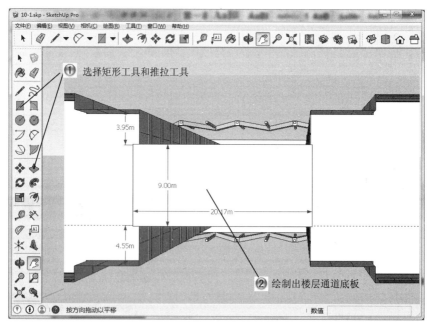

图 10-13　绘制高空楼层通道底板

Step14 向上间隔 3.05m 复制两个高空楼层通道，如图 10-14 所示。

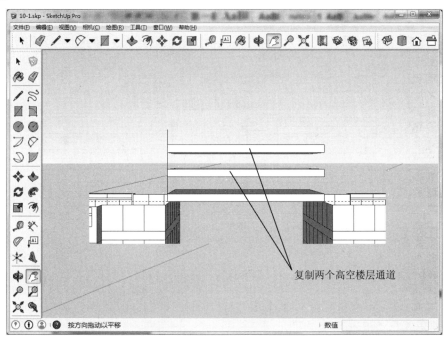

图 10-14　绘制高空楼层通道

Step15 按照前面的方法绘制楼层通道装饰，如图 10-15 所示。

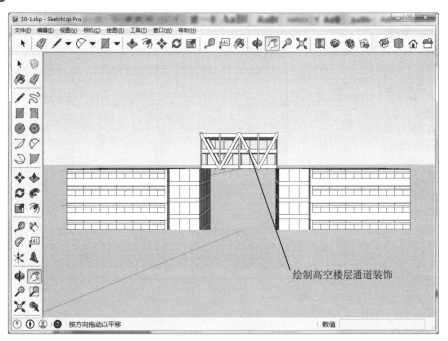

图 10-15　移动高空楼层通道装饰

Step16 绘制高空楼层通道外轮廓，并将楼层向上复制三层，如图 10-16 所示。

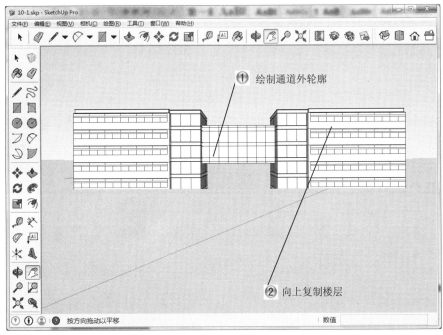

图 10-16 绘制外轮廓和复制楼层

Step17 绘制矩形后向内偏移，绘制顶层内框，如图 10-17 所示。

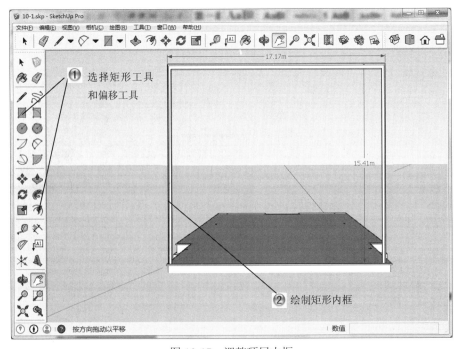

图 10-17 调整顶层内框

Step18 按照之前方法绘制全部矩形框，如图 10-18 所示。

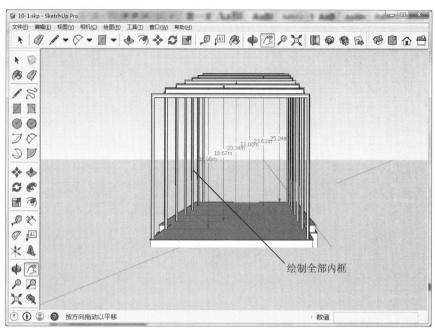

图 10-18　绘制顶层全部内框

Step19 将两端柱子连接，填充整个顶面，顶层侧面如图 10-19 所示。

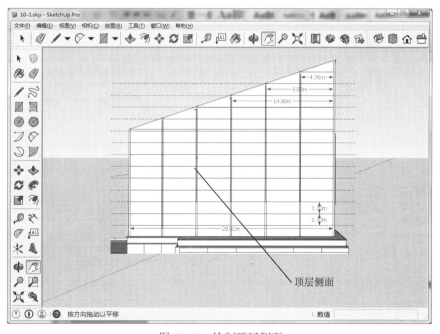

图 10-19　绘制顶层侧面

!Step20 绘制顶层外装饰轮廓，并将楼层向上复制两层，办公楼主体就绘制完成了，如图 10-20 所示。

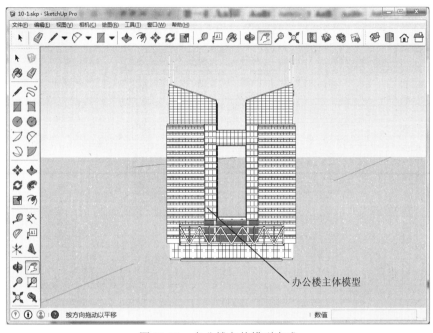

图 10-20　办公楼主体模型完成

!Step21 绘制公路和停车位，如图 10-21 所示。

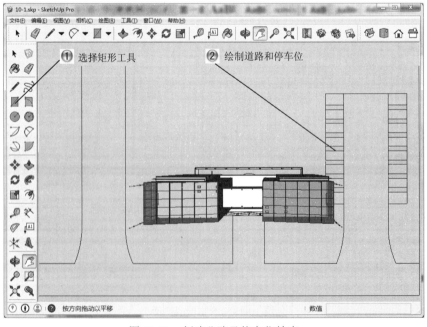

图 10-21　创建公路及停车位轮廓

Step22 添加背景及绿色植物，如图 10-22 所示。

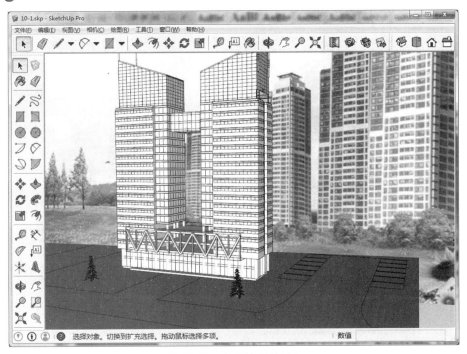

图 10-22　办公楼背景导入

Step23 下面添加幕墙和材质。首先设置构造柱材质，如图 10-23 所示。

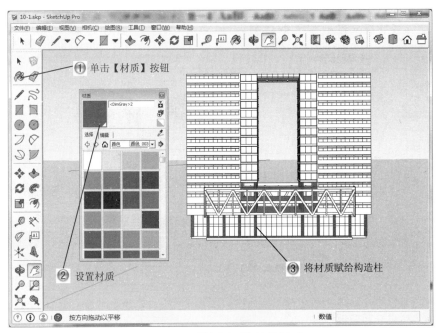

① 单击【材质】按钮

② 设置材质

③ 将材质赋给构造柱

图 10-23　设置圆形构造柱材质

Step24 设置外墙材质，如图 10-24 所示。

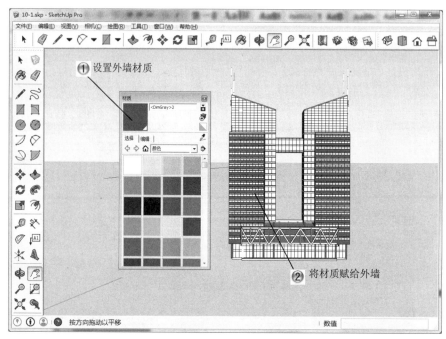

图 10-24 设置外墙材质

Step25 设置窗户玻璃材质，如图 10-25 所示。

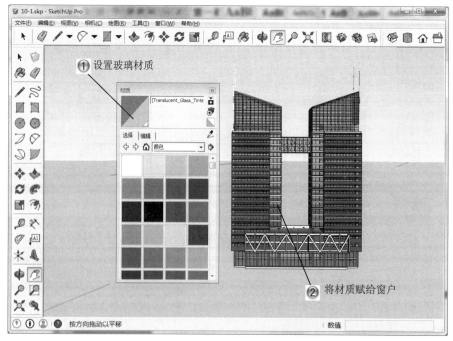

图 10-25 设置门窗户玻璃材质

Step26 设置草地地面材质，如图 10-26 所示。

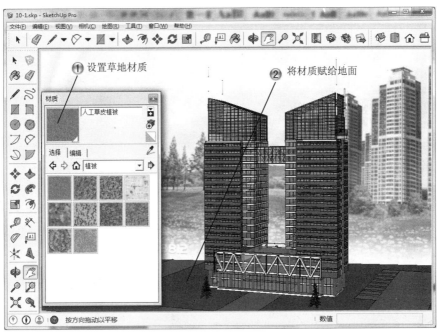

图 10-26　设置地面材质

Step27 最后设置好公路和停车位等的材质，如图 10-27 所示。

图 10-27　渲染模型

Step28 下面设置渲染参数，在 V-Ray 材质右键菜单中选择 Reflection（反射）命令，并选择设置【TexFresnel（菲涅尔）】模式，如图 10-28 所示。

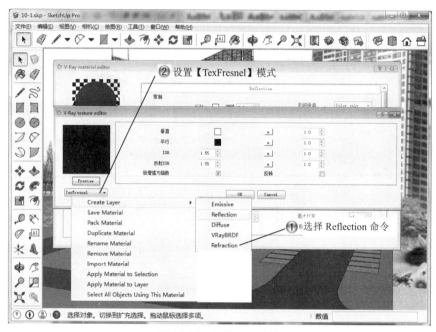

图 10-28　设置反射参数

Step29 同样调整设置水纹材质，如图 10-29 所示。

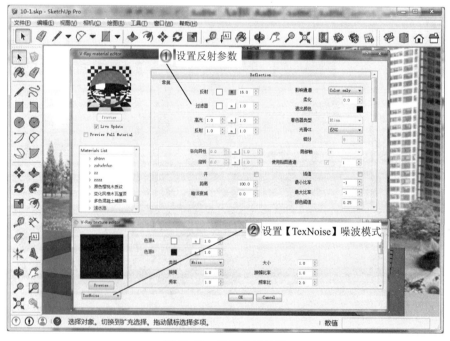

图 10-29　设置水纹材质

Step30 设置金属材质,将【折射率(IOR)】设置为 6,如图 10-30 示。

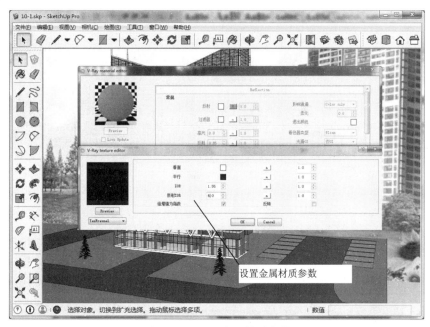

图 10-30　设置金属材质参数

Step31 设置全局光和背景颜色,如图 10-31 所示。

图 10-31　全局光和背景颜色设置

Step32 打开 V-Ray 渲染设置面板，进行 Environment（环境）设置，如图 10-32 所示。

图 10-32　环境设置

Step33 设置完成后使用 V-Ray 渲染模型，结果如图 10-33 所示。

图 10-33　渲染结果

Step34 最后进行 Photoshop 后期处理。使用 Photoshop 软件打开渲染图片，进行色相/饱和度编辑，如图 10-34 所示。

图 10-34　设置色相/饱和度

Step35 设置亮度对比度，如图 10-35 所示。

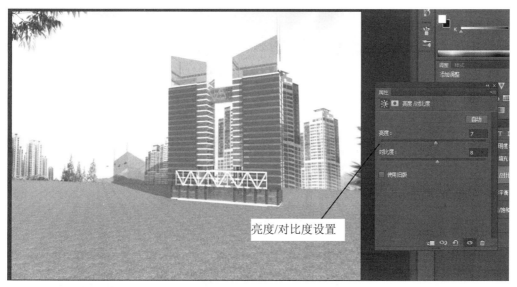

图 10-35　设置亮度对比度

!**Step36** 设置色阶，如图 10-36 所示。

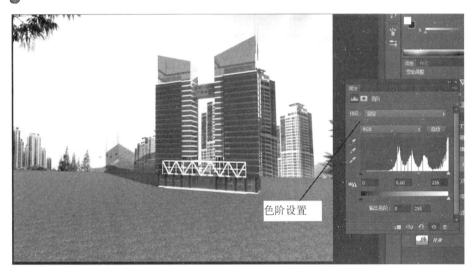

图 10-36　设置色阶

!**Step37** 这样，范例制作完成，最终的高层办公楼效果如图 10-37 所示。

图 10-37　高层办公楼效果

10.2 景观设计综合范例

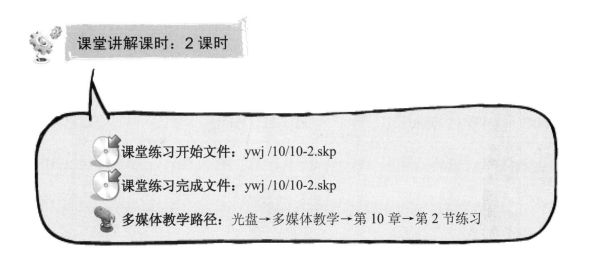

课堂讲解课时：2 课时

课堂练习开始文件：ywj /10/10-2.skp

课堂练习完成文件：ywj /10/10-2.skp

多媒体教学路径：光盘→多媒体教学→第 10 章→第 2 节练习

Step1 新建文件后先创建主道、建筑及周边设施。首先绘制主道路轮廓，如图 10-38 所示。

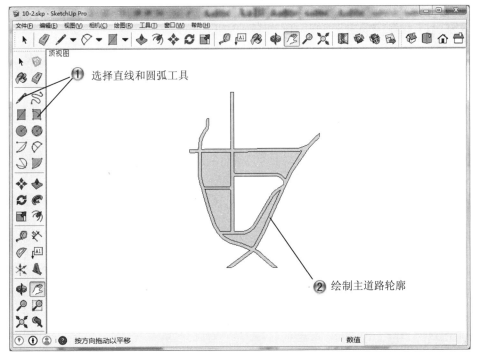

① 选择直线和圆弧工具

② 绘制主道路轮廓

图 10-38 绘制主道路轮廓

Step2 绘制广场道路轮廓，如图 10-39 所示。

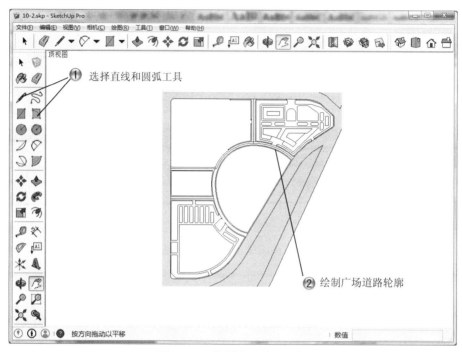

图 10-39　绘制广场道路轮廓

Step3 绘制广场内部轮廓线，如图 10-40 所示。

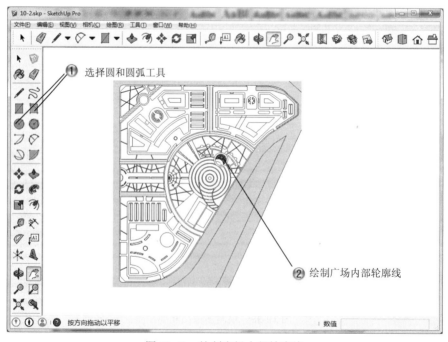

图 10-40　绘制广场内部轮廓线

Step4 推拉建筑轮廓一定厚度，如图 10-41 所示。

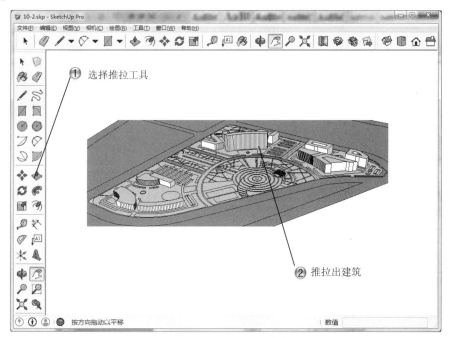

图 10-41　推拉建筑轮廓

Step5 推拉出高度为 450mm 的水池，如图 10-42 所示。

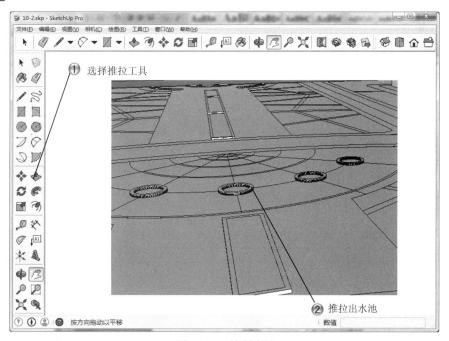

图 10-42　绘制水池

Step6 推拉出高度为 3000mm 的围墙，如图 10-43 所示。

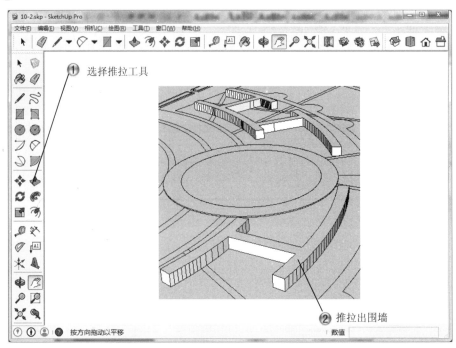

图 10-43　绘制围墙

Step7 绘制出广场看台部分，如图 10-44 所示。

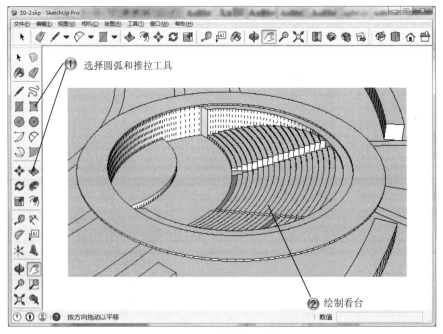

图 10-44　绘制广场看台

Step8 运用【直线】工具和【推拉】工具，简单绘制出建筑窗户，如图 10-45 所示。

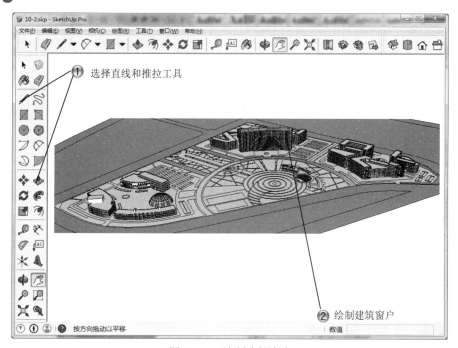

图 10-45　绘制建筑窗户

Step9 运用【圆】工具和【推拉】工具，绘制广场柱子，如图 10-46 所示。

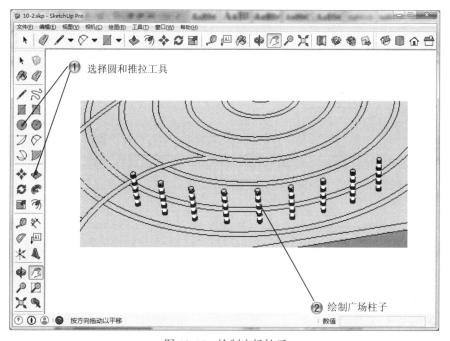

图 10-46　绘制广场柱子

!Step10 绘制广场雕塑轮廓，如图 10-47 所示。

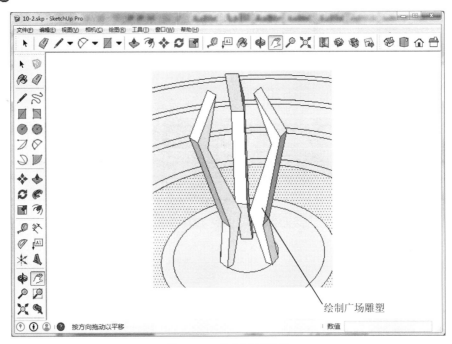

图 10-47　绘制广场雕塑

!Step11 绘制篮球场轮廓，如图 10-48 所示。

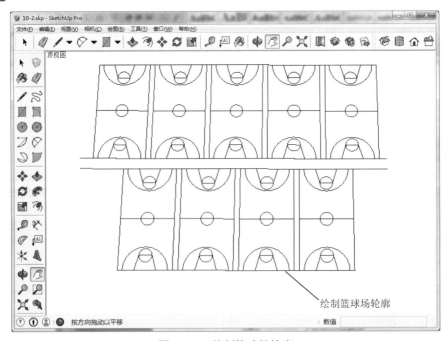

图 10-48　绘制篮球场轮廓

Step12 下面绘制模型细节和材质。首先绘制外部建筑主体，如图 10-49 所示。

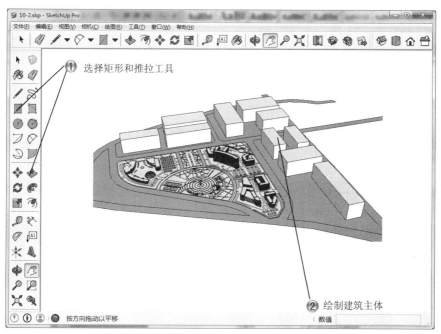

图 10-49　绘制建筑主体

Step13 绘制建筑轮廓，如图 10-50 所示。

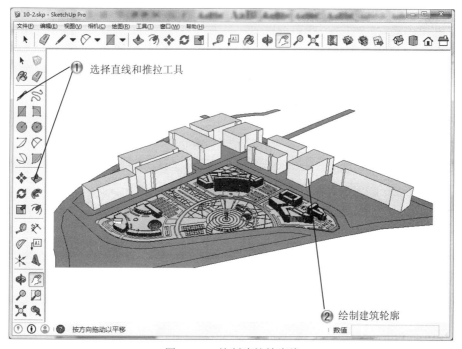

图 10-50　绘制建筑轮廓线

Step14 设置人工草皮植被材质给地面，如图 10-51 所示。

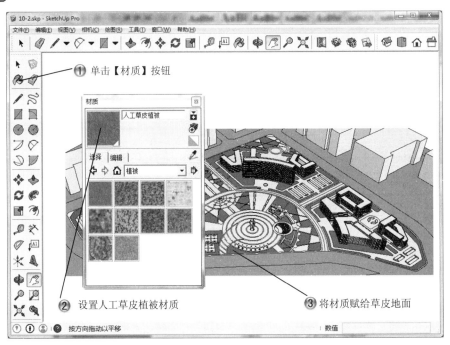

图 10-51　设置人工草皮植被材质

Step15 设置多片石灰石瓦片材质给广场，如图 10-52 所示。

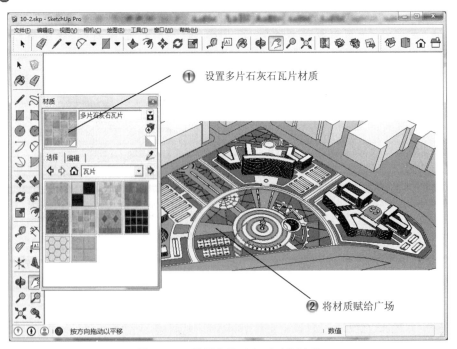

图 10-52　设置多片石灰石瓦片材质

Step16 设置雕塑和柱子材质，如图 10-53 所示。

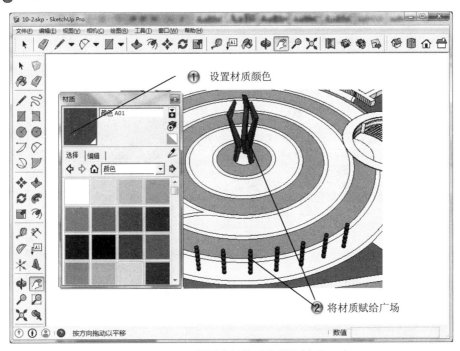

图 10-53 设置广场柱子和雕塑材质

Step17 设置 2 英寸石灰华瓦片材质给广场地面，如图 10-54 所示。

图 10-54 设置 2 英寸石灰华瓦片材质

Step18 设置新沥青材质给路面，如图 10-55 所示。

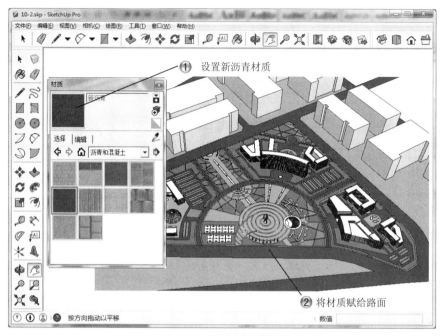

图 10-55　设置路面材质

Step19 设置浅水池材质给水池，如图 10-56 所示。

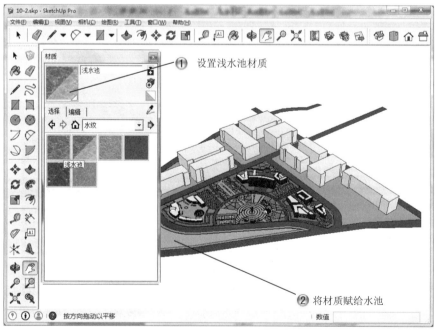

图 10-56　设置水池材质

Step20 设置灰色半透明玻璃材质给建筑，如图 10-57 所示。

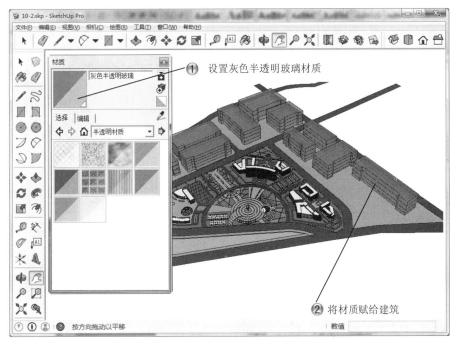

图 10-57　设置建筑材质

Step21 在景观中添加树木组件和汽车人物组件，结果如图 10-58 所示。

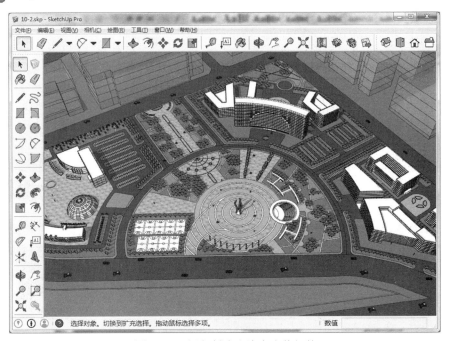

图 10-58　添加树木和汽车人物组件

Step22 下面进行渲染设置。在 V-Ray 材质右键菜单中选择 Reflection（反射）命令，并选择设置【TexFresnel（菲涅尔）】模式，如图 10-59 所示。

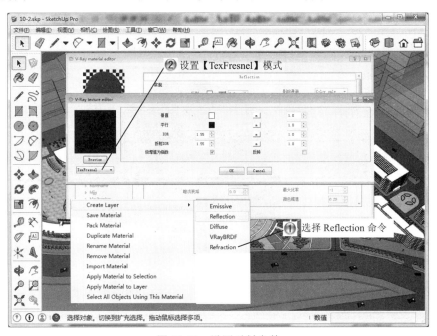

图 10-59　设置反射参数

Step23 同样调整设置水纹材质，如图 10-60 所示。

图 10-60　设置水纹材质

Step24 设置金属材质，将【折射率（IOR）】设置为 6，如图 10-61 所示。

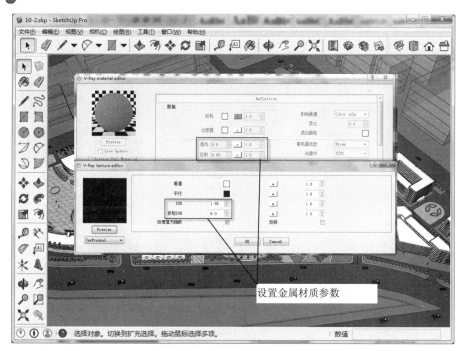

设置金属材质参数

图 10-61　设置金属材质参数

Step25 设置全局光和背景颜色，如图 10-62 所示。

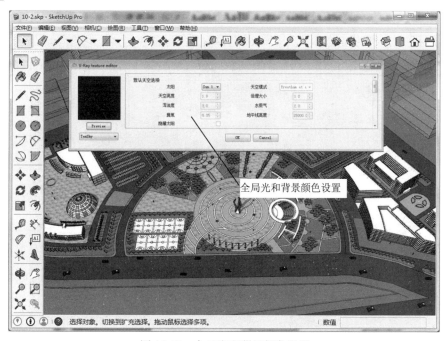

全局光和背景颜色设置

图 10-62　全局光和背景颜色设置

Step26 打开 V-Ray 渲染设置面板，进行 Environment（环境）设置，如图 10-63 所示。

图 10-63　环境设置

Step27 设置完成后使用 V-Ray 渲染模型，结果如图 10-64 所示。

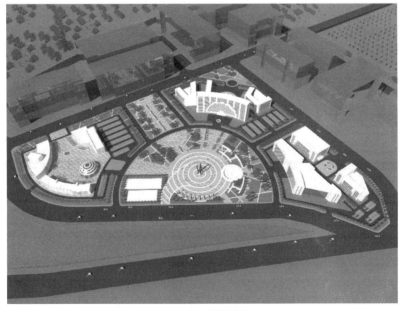

图 10-64　渲染结果

Step28 最后进行 Photoshop 后期处理。使用 Photoshop 软件打开渲染图片，进行编辑，如图 10-65 所示。

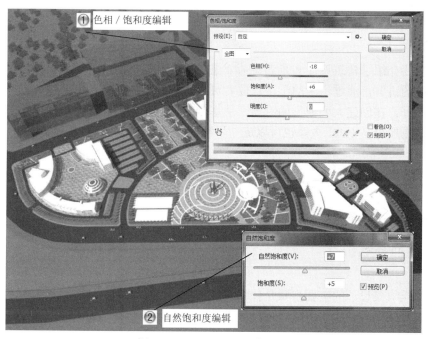

图 10-65　Photoshop 后期处理

Step29 最后导入水面图片，完成图片的处理，这样范例制作完成，效果如图 10-66所示。

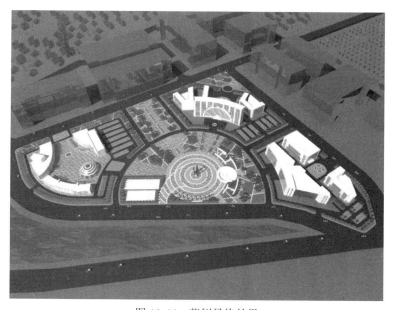

图 10-66　范例最终效果

10.3　专家总结

　　本章主要介绍了建筑设计和景观设计效果的综合设计方法，并对模型绘制和编辑技巧进行了详细的讲解。通过本章的学习，读者可以了解到在创建模型的时候，提前的准备工作一定要做好。在创建大型模型的时候，从基础的模型开始创建，合理使用组与组件会使所创建模型更加容易更改，大家也可以进一步掌握绘制多种建筑和景观模型和效果的方法。

10.4　课后习题

10.4.1　问答题

　　（1）建筑效果设计的主要步骤是什么？
　　（2）景观效果设计相比建筑效果设计更应注意些什么？

10.4.2　上机操作题

　　使用本章学过的方法来创建如图 10-67 所示的别墅建筑模型效果。
　　一般创建步骤和方法：
　　（1）绘制墙体框架。
　　（2）绘制窗户和门。
　　（3）绘制屋顶和附件。
　　（4）添加材质。
　　（5）渲染并进行后期处理。

图 10-67　别墅建筑模型效果